mamm

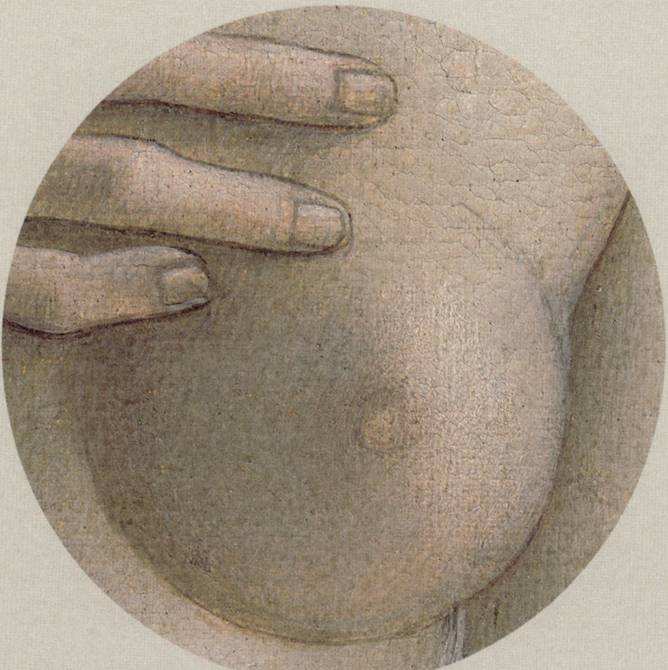

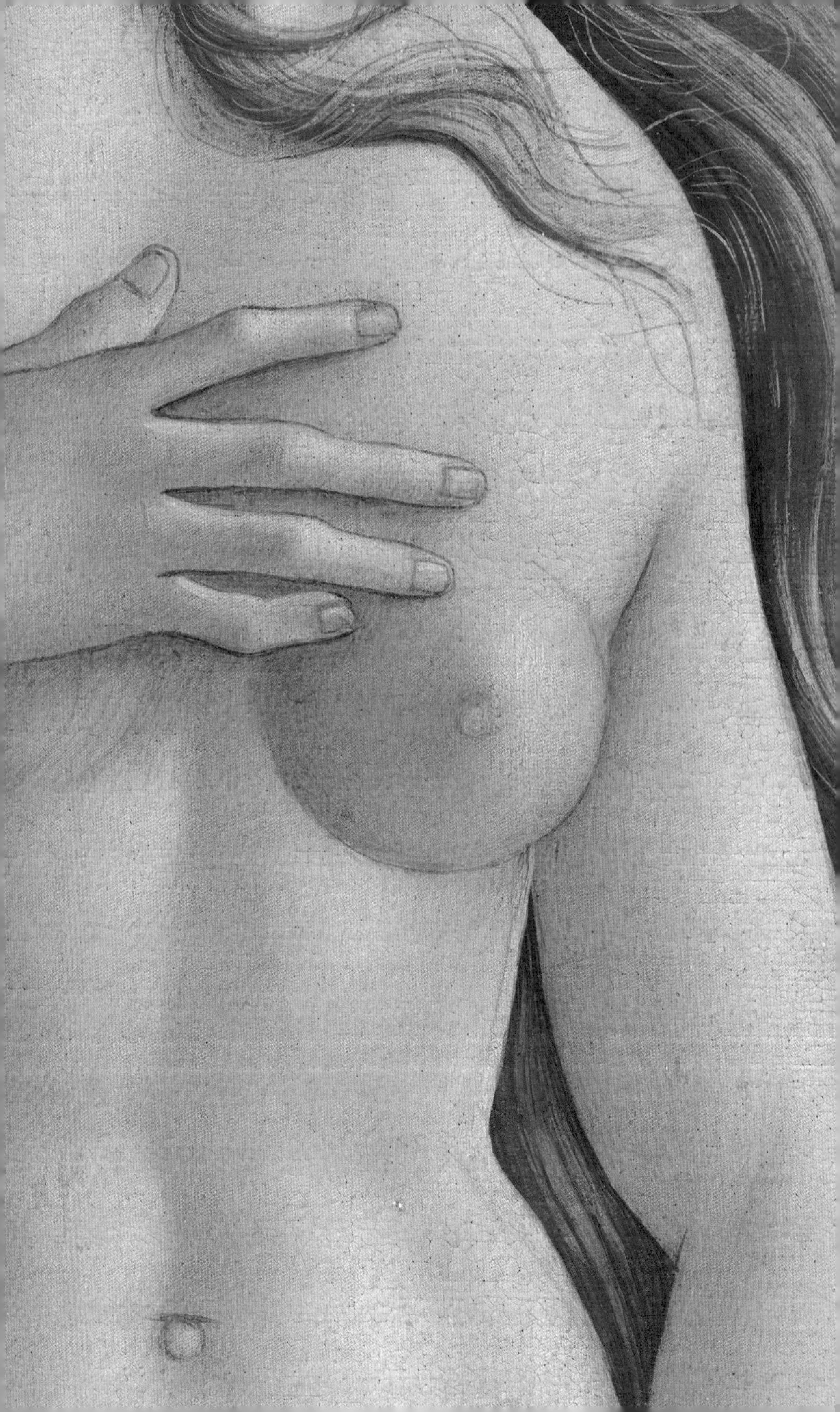

mamma

Un recorrido por el fascinante mundo de la mama

Sergi Ganau

ESPASA

Autor representado por The Ella Sher Literary Agency

Diseño de interior: María Pitironte
Imágenes de interior: © Joseph Martin/Album; © Album; © Prisma/Album; © Fine Art Images/Album; © Science Source/Album; © akg-images/Album; © Rabatti-Domingie/akg-images/Album; © Erich Lessing/Album; © Oronoz/Album; © Nimatallah/akg-images/Album; © Alfio Garozzo/akg-images/Album; © Matuschka-Matuschka Private Archives; © Granger, NYC/Album; © Salvador Dalí, Fundació Gala-Salvador Dalí, VEGAP, Barcelona 2024; © Universal Images Group/Pictures From History/Album, © HAUM/akg-images/Album y Archivo personal del autor.
Iconografía: DAU, Grupo Planeta

Espasa es un sello editorial de Editorial Planeta, S. A.
Avda. Diagonal, 662-664, 08034, Barcelona (España)
www.espasa.com
www.planetadelibros.com

Primera edición: marzo de 2024

Depósito legal: B. 3.154-2024
ISBN: 978-84-670-7279-2
Composición: Safekat, S. L.
Impresión y encuadernación: Unigraf, S. L.

Printed in Spain - Impreso en España

PEFC Certificado
Este libro procede de bosques gestionados de forma sostenible
PEFC
PEFC/14-38-00305
www.pefc.es

A mi madre
y a todas las mujeres de mi familia.

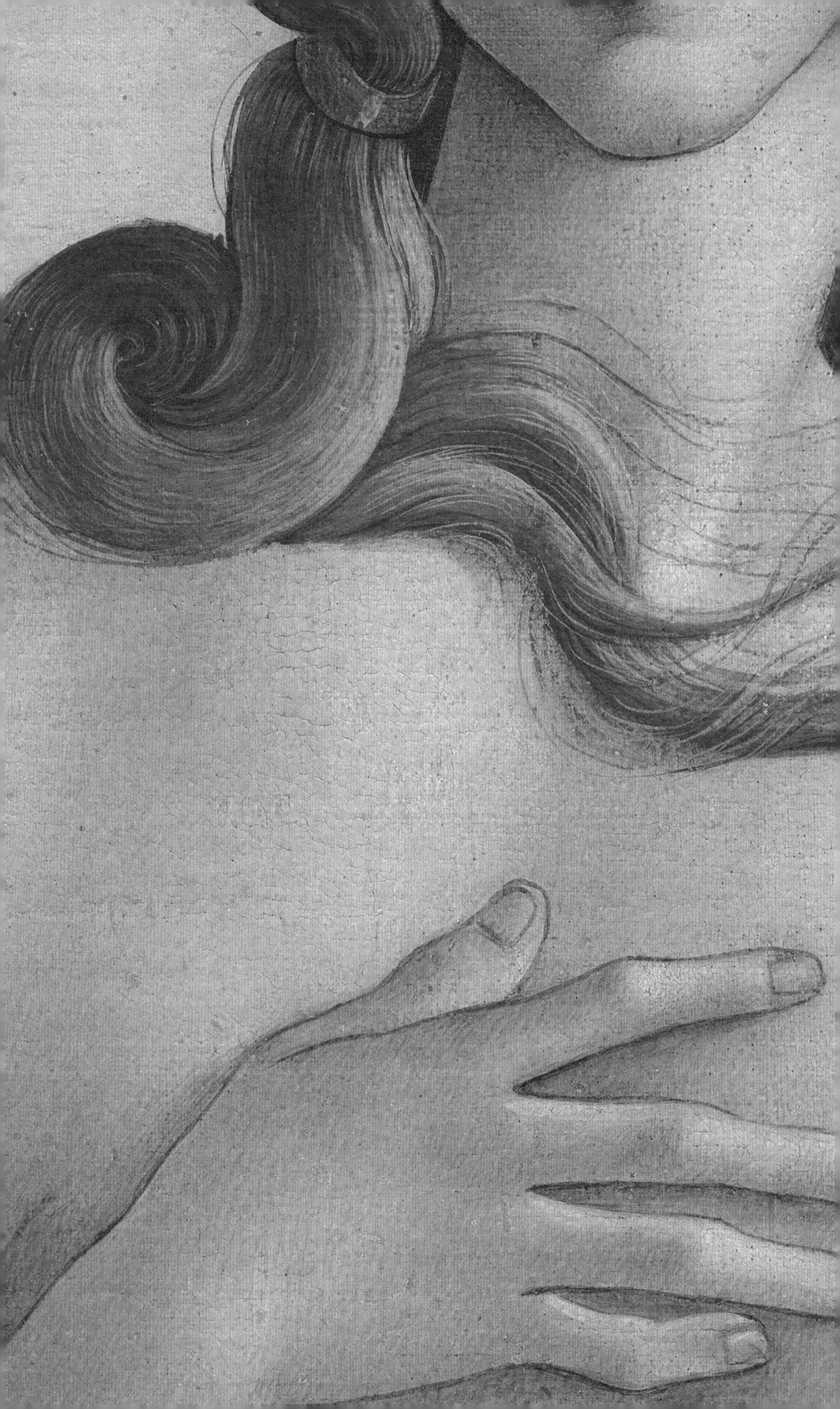

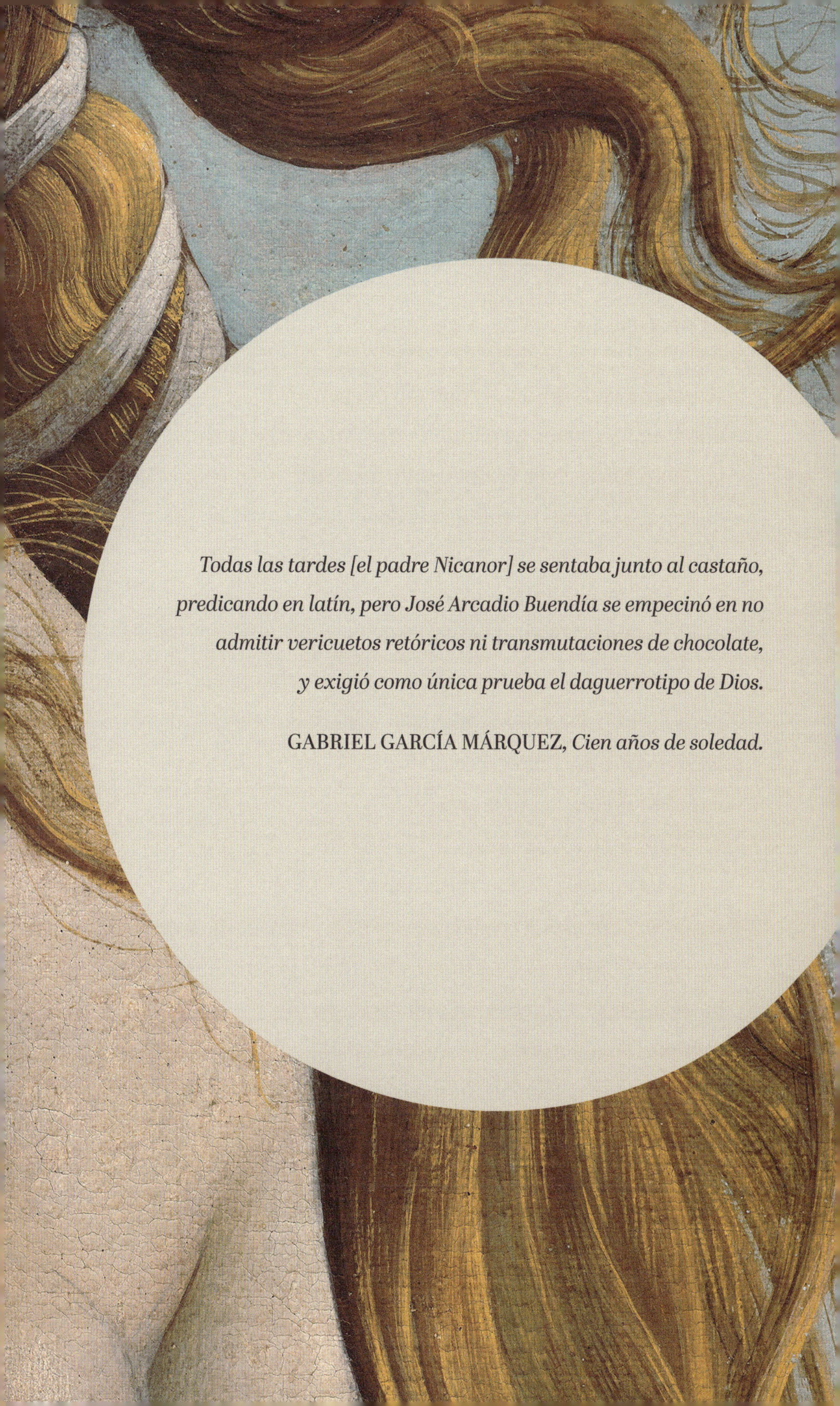

Todas las tardes [el padre Nicanor] se sentaba junto al castaño, predicando en latín, pero José Arcadio Buendía se empecinó en no admitir vericuetos retóricos ni transmutaciones de chocolate, y exigió como única prueba el daguerrotipo de Dios.

GABRIEL GARCÍA MÁRQUEZ, *Cien años de soledad.*

índice

Prefacio

Somos muchos los que solemos empezar el año con un listado de propósitos bienintencionados y, a menudo, admitámoslo, poco realistas. El naturalista y médico sueco Carlos Linneo (1707-1778) fue más pragmático y comenzó el año 1758 publicando *Systema naturae per regna tria naturae, secundum classes, ordines, genera, species, cum characteribus, differentiis, synonymis, locis.* Un tratado taxonómico —es decir, clasificatorio— de más de ochocientas páginas repletas de listados exhaustivos con los nombres en latín de todos los animales y plantas conocidos hasta entonces. Para ser más exactos, se trataba de la décima edición del *Systema Naturae* —más conocido por su título acortado—, en la que Linneo, veintitrés años después de la primera edición, clasificó el reino animal en seis clases, en función de la presencia de unos determinados rasgos anatómicos. La primera de las clases incluía a los animales de sangre caliente (los que presentan una temperatura corporal constante), vivíparos (aquellos cuyas crías nacen del interior del progenitor gestante) y con un corazón compuesto por cuatro cavidades (dos aurículas y dos ventrículos). Los llamó *Mammalia* o mamíferos, sin embargo, en honor a otra peculiaridad anatómica compartida por todos ellos: la presencia de «mamas» o *mammae,* en latín.

El primer domingo de enero de 1758 fue considerado un punto de inflexión en el campo de la zoología. La nueva clasificación propuesta por Linneo supuso que animales como la ballena y el murciélago, hasta entonces pez y ave, pasaron de un día a otro a ser considerados mamíferos.

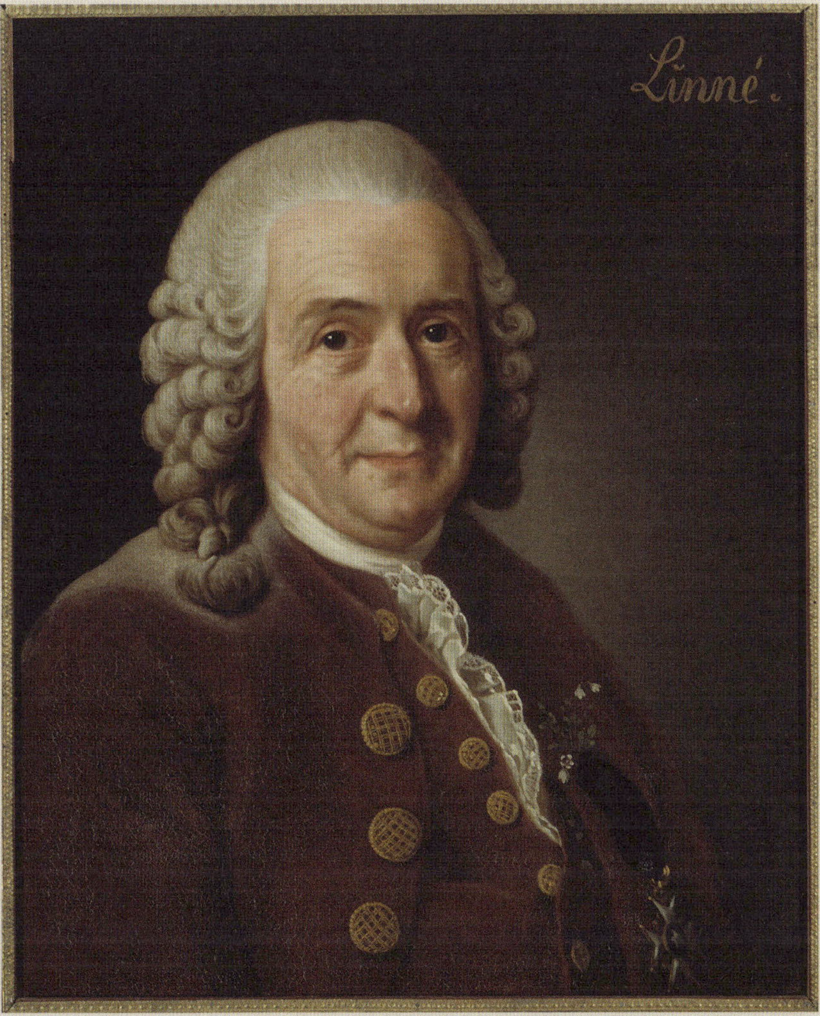

Al igual que los humanos, seres tan dispares entre sí transcurren los primeros días de sus vidas aferrados a las mamas de sus progenitoras en busca de la preciada leche que les permitirá desarrollarse. Tras la lactancia, sin embargo, la mayoría de estos mamíferos van a perder interés por ellas. Y digo la mayoría porque no es ese el caso de los humanos. Silenciadas hasta la pubertad, con su crecimiento y desarrollo volvemos a prestarles toda nuestra atención más allá de su papel clave durante la maternidad. A lo largo de la historia han sido motivo de veneración, atracción y liberación sexual, pero también de mofa, desprecio y pecado.

Las siguientes páginas albergan explicaciones, aclaraciones, reflexiones, anécdotas e historias en las que las mamas son protagonistas de un modo u otro. He querido rendir tributo a estas estructuras anatómicas utilizando un lenguaje alejado de la compleja terminología científica. Aun así, he procurado ser lo más exhaustivo posible, llamando a cada cosa por su nombre.

Para ello, y que me perdonen los taxonomistas, he utilizado una peculiar clasificación binomial, como la que desarrolló Linneo, basada en un nombre genérico y otro más específico (nombre y apellido, para entendernos), y que todavía hoy se sigue empleando en las distintas ramas de la ciencia para catalogar a animales, plantas e incluso microorganismos como, por ejemplo: *Homo sapiens*, *Rosa canina* o *Escherichia coli*. Igualmente, también me he servido del latín. Y es que, pese a la insistencia de los gobernantes por arrinconar esta lengua *muerta* en unos planes de estudio cada vez más pretenciosamente utilitaristas, es la más utilizada en la nomenclatura científica y la lengua madre de la cual derivan las otras dos que he mamado desde bien pequeño.

Cada vez estoy más convencido, y mi propia experiencia me lo corrobora, de que, tal y como dijo en su momento el célebre sueco, «si ignoras el nombre de las cosas, desaparece también lo que sabes de ellas».

Ex profeso

A estas alturas todavía hay quien cree que nuestra sociedad no es machista. Le recomiendo repasar el refranero popular y buscar aquellos dichos con referencias al sexo femenino. Quisiera prestar atención a uno de ellos, en el que la mujer queda simbólicamente reducida a sus mamas: «Teta que la mano no cubre no es teta, sino ubre».

La verdad es que no resulta demasiado difícil captar su significado, pero para gustos, los colores, y también hay quien le atribuye otros sentidos más rebuscados y bienintencionados. Sin embargo, nada más lejos de mi voluntad que buscar un motivo de discusión semántica. Prefiero centrarme en el primero de los dos términos sinónimos de mama que aparecen en este refrán. Del segundo, hablaré en otro capítulo.

No se sabe con certeza el origen de la palabra «teta». Podría provenir del francés medieval *tete* (que no tiene nada que ver con *tête* o «cabeza») y este, a su vez, del protogermánico (lengua origen del inglés, neerlandés y alemán) *titta.* Esto explicaría por qué tantas lenguas distintas utilizarían términos tan parecidos para referirse a la teta. Por otra parte, en la mitología griega, la diosa Tetis amamantó a la diosa Hera (hermana de Zeus) durante la batalla que tuvo lugar entre este y los titanes. ¿Simple coincidencia?

Pese a no quedar muy claro el origen del término «teta», existe bastante unanimidad entre todas las lenguas en lo que al uso del mismo se refiere. Cuando se utiliza fuera de la esfera de la infancia, donde es más común, suele hacerse de un modo más bien vulgar u ofensivo. La expresión inglesa *tits and ass* («tetas y culo»), por ejemplo, hace referencia a aquellas películas, chistes y revistas de talante erótico o pornográfico protagonizadas por mujeres sin ropa. A finales de los años ochenta, esta expresión, o su forma apocopada *T'n'A*, se empleó más allá del sentido picante o verde (que sería azul para los ingleses) para referirse de forma coloquial a cualquier cosa que estuviera de moda. Más cerca tenemos la expresión «pasarlo teta», que el diccionario de la Real Academia Española define como pasarlo muy bien.

Con un tono menos ofensivo y más serio, prácticamente eufemístico —como el empleo de larga enfermedad, en lugar de cáncer—, la palabra «seno» es otro de los sinónimos de mama. Su origen parece remontarse al antiguo Imperio romano. Por aquel entonces, las togas incorporaban un pliegue holgado con forma semicircular sobre la zona del pecho izquierdo. El *sinus* se utilizaba como bolsillo para guardar cosas. Por su semejanza en cuanto a forma y a ubicación, los franceses fueron los primeros en denominar *sein* a la mama. Más tarde, otras lenguas como el español adaptaron la misma idea. Sin embargo, y a diferencia del francés, su uso no está generalizado del todo en la lengua de Cervantes, salvo en Latinoamérica, donde la expresión «cáncer de seno» no resulta nada extraña, y en la literatura de Ramón Gómez de la Serna (1888-1963), que tituló *Senos* una de sus obras, tan peculiar como sus «greguerías» pero no tan exitosa. En cualquier caso, habrá que matizar el contexto para no confundir el cáncer de «seno» (en singular) con el de «senos» (en plural), mucho menos frecuente y que afecta a las concavidades huecas que rodean la nariz y cuya inflamación provoca la molesta sinusitis.

Si el uso de seno es un eufemismo, el empleo de pecho, mucho más común, se trata de una metonimia. Este recurso literario consiste en designar algo con el nombre de otra cosa. Si decimos que un comprador anónimo compró un Picasso en el que aparece una mujer con el torso desnudo, habremos sustituido la obra (en este caso un cuadro) por su autor. Y, del mismo modo, si decimos que Picasso se tomaba una copa mientras pintaba, no hay que ver al genio malagueño como un faquir comiéndose cristales, sino que hemos sustituido el contenido (vino o absenta, por ejemplo) por la copa que la contiene. Pues bien, con el término «pecho» (del latín, *pectus)* se designa a la parte del cuerpo humano situada entre el cuello y el abdomen. Cuando se llama pecho a la mama, se la está identificando con su continente. Pese a lo común de esta metonimia, no está exenta de confusión. Así, cuando alguien dice que le duele el pecho, habrá que indagar si el dolor procede de la mama, de los pulmones, o bien si se encuentra ante los síntomas de una angina o de un infarto, por ejemplo.

Por todo ello, quisiera reivindicar el término «mama» (del latín, *mamma)* frente a los demás. Creo, desde mi humilde opinión, que es el más acertado desde un punto de vista científico. Y, por tanto, será, con diferencia, el que voy a utilizar con más frecuencia en este libro. Sin embargo, y como bien dice el personaje de Jenny en la encantadora película *Big Fish:* «Un hombre ve de forma diferente las cosas en los distintos momentos de su vida». Así que no te extrañes si mama, pecho, teta o seno acaban apareciendo indistintamente en las siguientes páginas.

mammae petiolus

LA FORMACIÓN DEL PEZÓN

Alrededor del primer mes de gestación, aparecen en la piel del feto humano (tanto en el femenino como en el masculino) un par de líneas que se extienden desde las axilas hasta las ingles como diminutas cordilleras. Están formadas por cúmulos de células y reciben el nombre de crestas mamarias o líneas lácteas, lo que va a dar una idea de su utilidad. Con el tiempo, la mayoría de estas células se atrofiarán, excepto dos montículos situados en la región pectoral y que acabarán formando los dos botones mamarios, precursores de los pezones y las mamas.

Una de cada veinte personas (tanto mujeres como hombres) nacerán, además, con restos adicionales de estas crestas mamarias que, por un motivo u otro, no han llegado a desaparecer. Muchas de las mal llamadas verrugas con las que uno nace y que se encuentran en el trayecto de la línea láctea no son más que pezones supernumerarios o, lo que es lo mismo, que están de más. A este fenómeno se le llama politelia *(poli* significa «varios» en griego, mientras que *thēlē* es «pezón»). Con menos frecuencia, afortunadamente, debajo de estos pezones aparece también tejido mamario, lo que puede acarrear más problemas —sobre todo, estéticos— durante la etapa de desarrollo.

A esta otra condición se la conoce como polimastia *(mastos,* efectivamente, significa «mama» en griego).

Esta línea láctea es común en la mayoría de mamíferos, pero el número de pezones que acaban desarrollándose varía según la especie. En general, depende del número de crías que toca amamantar, aunque no hay ninguna regla clara al respecto. Así, por ejemplo, una cerda tendrá un mayor número de pezones que una perra, que tendrá más que una gata y que tendrá más que un chimpancé. Los pezones aparecen en número par y de forma simétrica a lo largo de estas dos líneas, pudiéndose distribuir en tres regiones distintas: anterior o torácica, media o abdominal y posterior o inguinal. Los tres primeros animales que he mencionado están tan bien dotados que sus pezones deben distribuirse a lo largo de las tres zonas. El chimpancé, sin embargo, al igual que el resto de primates —humanos incluidos—, solo tienen dos pezones en la región torácica.

Los rumiantes, como los primates, solo tienen un par de pezones. Sin embargo, a diferencia de ellos, se encuentran localizados en la región inguinal. Las vacas, misteriosamente, poseen el doble de pezones que sus parientes. Un motivo frecuente de error es confundir pezones por ubres en el caso de los rumiantes. La vaca, por ejemplo, tiene cuatro pezones, uno por cada mama, que al ordeñarlos expulsarán la leche. Las cuatro mamas (llamadas cuarterones) convergen en una unidad que se conoce como ubre. Identificar bien este concepto es clave para entender mejor el refrán con el que daba inicio el capítulo anterior.

Una mención aparte merece la zarigüeya de Virginia, un animal muy dormilón —puede pasarse durmiendo el ochenta por ciento de su vida— que habita en el sur de Estados Unidos y en parte de América Central. Con aspecto de rata gigante, se trata en realidad de un marsupial. Al igual que los canguros, tiene una bolsa donde amamanta a sus crías. Pero a diferencia de estos y del resto de mamíferos, puede llegar a tener hasta trece pezones, lo que la convierte en el único mamífero con un número impar.

Por último, quisiera mencionar que, si bien todos los mamíferos, haciendo honor a su nombre, están dotados de mamas, no todos ellos presentan pezones. Los caballos, así como las ratas y los ratones macho, son un claro ejemplo. Pero tampoco las hembras de algunos mamíferos. Más adelante veremos cuáles son y cómo se las ingenian entonces para amamantar a sus crías.

En la antigua ciudad de Éfeso, situada en la actual Turquía, se encontraba el templo de Artemisa. Destruido y reconstruido varias veces, la tercera y última versión de este templo tenía la extensión de seis piscinas olímpicas y albergaba más de ciento veinte columnas enormes. La majestuosa construcción de mármol, considerada como una de las siete maravillas del mundo, guardaba un tesoro en su interior: la estatua de la diosa que daba nombre al templo. Dicha representación, solo conocida por algunas copias conservadas y por algunos testimonios escritos o dibujados, se caracterizaba por tener alrededor del pecho múltiples protuberancias. A los amantes de la mitología les puede sorprender ese aspecto tan distinto al empleado normalmente para representar a una de las diosas más veneradas en los territorios bañados por el mar Mediterráneo. Artemisa (según la mitología griega) o Diana (según la romana), diosa de la caza y de todo lo salvaje, suele representarse como una mujer joven y dinámica, vestida con una túnica corta, que le ofrece más comodidad para cazar y moverse por el bosque, y llevando consigo un arco con flechas. Nada que ver con la diosa circunspecta y con varias ristras de mamas hallada en el templo.

Hay que recordar que tanto griegos como romanos fueron muy pragmáticos con la religión y que fueron adoptando los ritos y las creencias de aquellos territorios que conquistaban. Por todo ello, cuando los griegos llegaron a Turquía (por entonces, Asia Menor), debieron adoptar para su culto a esa diosa tan peculiar que llevaba años siendo objeto de veneración en la zona. Eso sí, tuvieron que

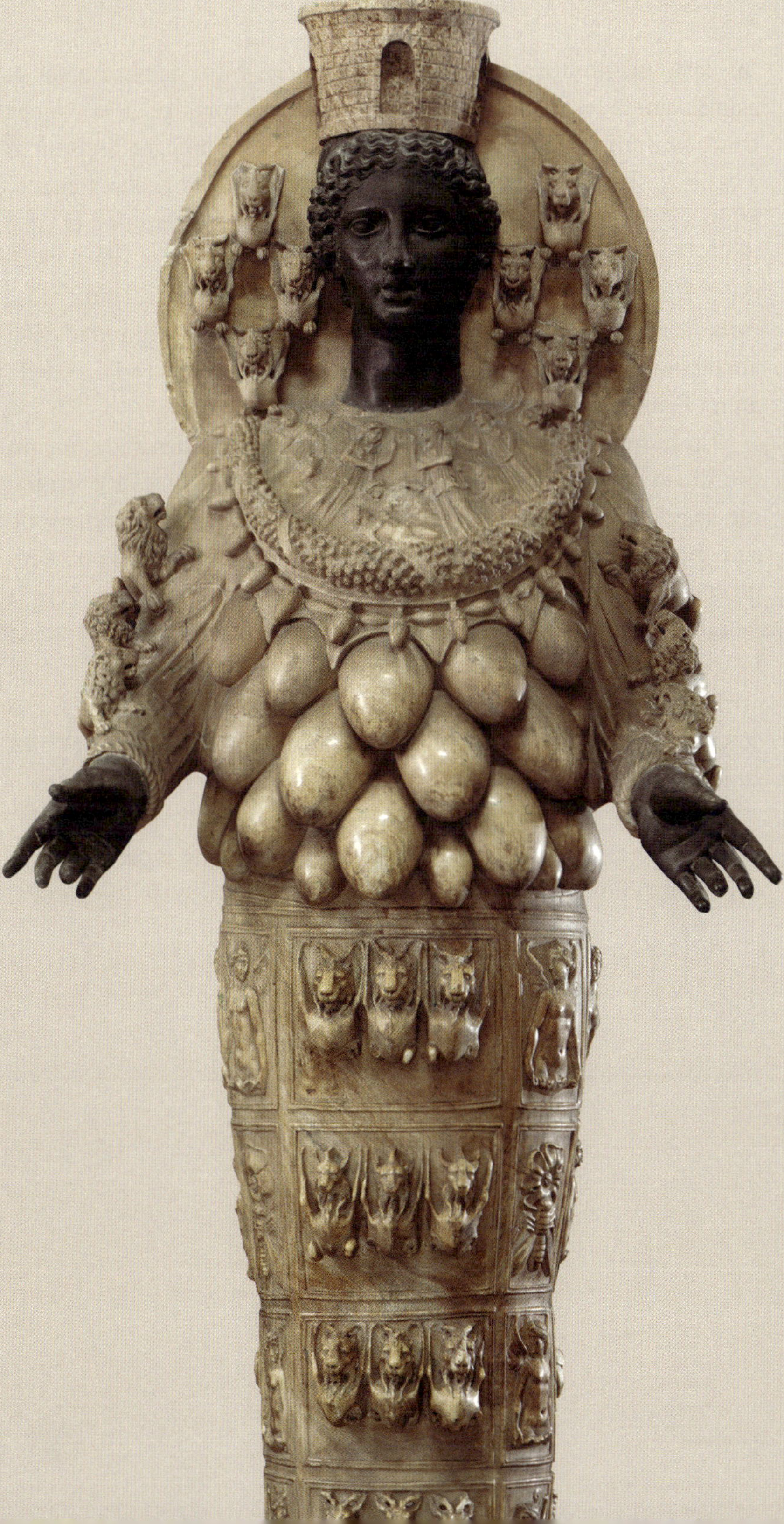

buscarle un nombre que todos conocieran y que facilitara así su asimilación. A esta actitud, tanto griega como romana, se la conoce como *interpretatio graeca* o *romana*. El nombre elegido para denominar a esa majestuosa talla de madera, metales preciosos y probablemente ámbar, sería Artemisa en el caso de los griegos y Diana en el caso de los romanos. Pero ¿qué tenía esta en común con la diosa cazadora? Pues que Artemisa (o Diana) fue también considerada diosa de la fertilidad, de los partos y, lo más curioso, de la virginidad. Una amalgama de atributos que, según parece, venía como anillo al dedo a una figura divina dotada con tantas mamas.

En la segunda mitad del siglo xx la polémica desatada por un estudioso del mundo clásico puso en tela de juicio que las protuberancias de la diosa de Éfeso fueran pechos. El principal motivo de su conclusión era la ausencia de pezones en algunas de las pocas representaciones conservadas. Entonces, ¿cómo justificar la presencia de tantos esferoides en la región pectoral de la diosa? El especialista lo vio muy claro —a diferencia de la opinión mayoritaria— y los atribuyó a testículos. Existe la constancia de que en el altar de Éfeso se sacrificaron muchos cabestros y, según este experto, sus testículos son los que estarían representados por las protuberancias.

No sé qué pensaría la genuina diosa Artemisa de semejante hipótesis. Me la imagino conversando con el resto de dioses y diosas del monte Olimpo y sentenciando «Todo es cuestión de... pezones».

mamma incipiens

LA GLÁNDULA MAMARIA

Tras la formación de los pezones, alrededor del quinto mes de gestación, aparecen las areolas. Más tarde ya comentaré para qué sirven esos círculos coloreados que rodean a los pezones. De momento voy a centrarme en lo que se esconde tras ellos. Y es que, transcurrido poco tiempo después, durante el sexto mes, ya puede distinguirse un entramado de diminutas tuberías que acaban desembocando en el pezón a través de un número variable de orificios. En el extremo opuesto de estos conductos irán apareciendo, a lo largo del tercer trimestre del embarazo, las glándulas mamarias.

El término «glándula» hace referencia a un conjunto de células organizadas capaces de producir y también de liberar diferentes tipos de sustancias a la sangre, como en el caso de la insulina o de otras hormonas, o bien hacia el exterior, tales como las lágrimas o la leche. A las primeras se las conoce como glándulas endocrinas, mientras que, a las segundas, entre las que se encuentran las mamas, se las conoce como glándulas exocrinas.

Para entender mejor la estructura de una mama voy a utilizar el símil de un árbol. Cada mama es como un bosque compuesto por un número variable de árboles (entre diez y veinte) horizontalizados y dispuestos de tal forma que las copas quedan posteriores y profun-

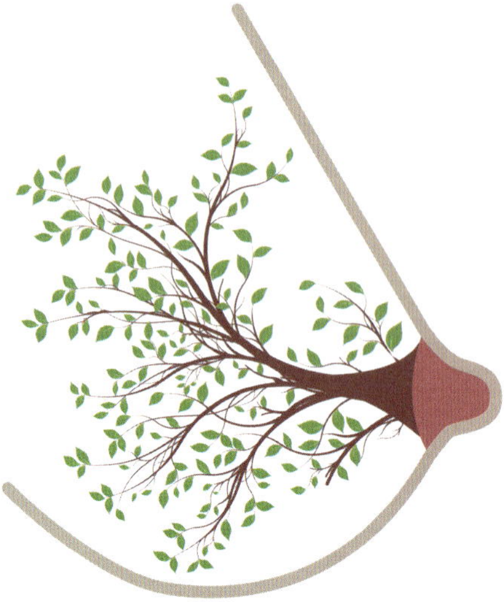

das mientras que los troncos se dirigen hacia el pezón. Los troncos y las ramificaciones que se originan de ellos son los conductos y conductillos galactóforos que, como su nombre griego indica, son los responsables de transportar la leche producida en las glándulas (llamadas acinos) ubicadas en los lobulillos mamarios. En el caso del árbol, las hojas equivaldrían a los acinos, y las copas, es decir, el conjunto de hojas y ramificaciones por encima del tronco, a los lobulillos.

Mientras que las raíces y la misma gravedad terrestre son las responsables de mantener a los árboles fijos en el suelo, en el caso de la mama, cuyos troncos están inclinados y terminan sin raíces en el pezón, se hace necesaria la presencia de otro mecanismo para mantener todas estas estructuras ordenadas y estables. Este entramado incluye, de un modo bastante simplificado: el estroma (la amalgama que envuelve a los acinos y a los conductillos y los mantiene cohesionados dentro de los lobulillos), la grasa (que rodea el conjunto de los lobulillos) y los ligamentos de Cooper (que anclan la mama en la piel y el músculo pectoral). Todos estos elementos impedirán que las diferentes estructuras que componen la mama se desplacen por efecto de la gravedad y que les suceda lo mismo que a un globo relleno con agua, donde todo el líquido se va acumulando en la porción inferior del globo, abombándolo.

Al igual que un árbol de hoja caduca, por muy frondoso que este sea, queda desprovisto de hojas durante el otoño o el invierno, la mama también estará más o menos desarrollada y tendrá mayor o menor actividad glandular, o, lo que es lo mismo, producirá más o menos leche, en función de la etapa de la vida. ¿Y quiénes son los responsables de marcar el paso de las estaciones en la mama? Pues unas moléculas de tamaño ínfimo pero cuya acción tiene una repercusión enorme: las hormonas.

Gracias al efecto de las hormonas presentes en el útero de la madre, el recién nacido (tanto del sexo femenino como del masculino) puede presentar cierto desarrollo mamario, lo que se considera dentro de la normalidad. Las hormonas también son responsables de cierto desarrollo mamario del bebé hasta los dos años de vida. Este efecto no solo se debe en parte a las hormonas de la madre, sino también a las generadas por el propio recién nacido. Otro efecto hormonal, aunque menos frecuente, es la secreción de leche por el pezón del bebé. Este último fenómeno, llamado galactorrea, puede darse en cualquier recién nacido a término —no se ha descrito en prematuros— y se conoce popularmente como leche de bruja. El nombre guarda relación con la antigua creencia de que las brujas robaban la leche de los bebés mientras estos dormían. Es una condición del todo normal y no requiere tratamiento alguno. También puede considerarse normal, aunque mucho menos frecuente, la secreción puntual de sangre por los pezones de los bebés.

A partir de los dos años de edad y hasta el momento de la pubertad, las glándulas mamarias sufrirán una involución hasta llegar a un estado conocido como quiescente, sin apenas actividad, como si de un largo invierno se tratara.

A lo largo de la historia son pocas las representaciones pictóricas de recién nacidos de un sexo u otro que muestren la apariencia de sus mamas. Muchas de ellas hacen referencia al niño Jesús (*c.* 4 a. C.-*c.* 30 d. C.), con su pecho generalmente oculto por telas de color blanco o rosa, a diferencia de las de su madre María (*c.* 18 a. C.-*c.* 30 d. C.), vestida sobre todo de azul. No se conoce con exactitud el momento histórico en el que el azul pasó a ser un color de niños y el rosa, de niñas. Pero lo que sí está claro es que se trata de una moda más o menos reciente.

Este rol cromático, iniciado ya en la infancia, ha adquirido tal protagonismo incluso en el mundo adulto que existe en la actualidad una impresionante mercadotecnia del color rosa alrededor de todo lo relacionado con el sexo femenino. Y eso incluye, por supuesto, la mama. Más adelante, en otro capítulo, tocaremos el tema de la historia del lazo rosa tan conocido y utilizado en las campañas contra el cáncer de mama. Pero, de momento, voy a volver con los bebés.

En la época medieval la práctica totalidad de bebés que aparecen en las pinturas encarnan al hijo de María. Deben considerarse bebés porque están en el regazo de su madre e incluso alguna vez son representados con el gesto explícito de estar amamantando. Sin embargo, cualquier parecido físico de estos niños Jesús con un niño real de su edad es pura coincidencia. Normalmente se representan con un tamaño enorme (a veces desproporcionado), con el cabello de adulto (a veces con entradas e incluso tonsurados), con músculos pectorales y abdominales marcados, y con un largo etcétera de despropósitos muy poco favorecedores para una criatura.

Hay que tener en cuenta que la finalidad del arte en la Edad Media era básicamente religiosa. Se trataba de priorizar el simbolismo al realismo; la figura de Dios, antes que el amor materno. Por otra parte, predominaba la idea del homúnculo (hombre pequeño), por la que Jesús nació desarrollado del todo, con los mismos rasgos que un hombre adulto, aunque de menor tamaño. Todo ello dio lugar a auténticas aberraciones desde nuestro punto de vista estético actual.

Pero no solo la figura del bebé Jesús en el regazo de su madre distaba de realismo. También sus gestos buscando el pecho de María, que en algunas representaciones raya la obscenidad —como en la *Madonna col bambino e santi, crocifissione e natività (Virgen con el Niño y los santos, crucifixión y natividad),* de Allegretto di Nuzio (1315-1373)—, y el tamaño desajustado o la localización muchas veces inexacta de las mamas —véanse algunas de las obras de Paolo di Giovanni Fei (1345-1411)— dan prueba de ello.

Cuando no es el niño Jesús el protagonista de las representaciones infantiles, suelen serlo los santos. En una de las capillas del monasterio Novalesa, en el Piamonte italiano, existe una curiosa pintura anónima, probablemente del siglo XI, en la que aparece un san Nicolás recién nacido rechazando el pecho de su madre. La verdad es que cualquiera acaba empatizando con el pobre niño, que se asemeja a una navaja de mar, tan exageradamente estrujado entre paños, y que siente pavor ante el pecho —o más bien vasija— con el que su madre parece desafiarlo.

A partir del Renacimiento, el sentido del arte cambia. Lo simbólico da paso a lo realista y la pintura religiosa no será omnipresente. Los afortunados con poder adquisitivo quieren ver a sus bebés representados en los lienzos. Y a estos hay que sumar también todos los bebés de las pinturas de carácter religioso que siguen realizándose.

Ocho siglos separan la anónima expresión de horror de san Nicolás, que sería más adelante el santo más querido por los niños —su figura daría lugar al mito de Papá Noel o Santa Claus—, del casi fotográfico niño Jesús que aparece en la *Vierge au Lys (Virgen de los lirios),* del pintor francés William-Adolphe Bouguereau (1825-1905).

mamma florescens

EL DESARROLLO MAMARIO O TELARQUIA

Entre los ocho y los trece años tiene lugar una larga primavera en la que florece el desarrollo mamario. Este fenómeno recibe el nombre de telarquia. Por primera vez, a diferencia de las etapas prenatal y perinatal, durante la pubertad empiezan a hacerse patentes los distintos patrones de crecimiento mamario entre ambos sexos. La mayoría de estos cambios son consecuencia, sobre todo, de un estrógeno: el estradiol. Esta hormona no es exclusiva del sexo femenino, pero su efecto en el varón es mucho menor, ya que acaba en gran parte neutralizado por un andrógeno llamado testosterona, la hormona masculina por antonomasia.

El desarrollo mamario es uno de los primeros caracteres sexuales secundarios en surgir. Al igual que la aparición de la barba o los cambios en la voz, por ejemplo, y a diferencia de los caracteres sexuales primarios, no están directamente implicados en la reproducción y por este motivo se los considera secundarios. Lo más común es que el desarrollo de las mamas transcurra durante varios años.

El pediatra inglés James Tanner (1920-2010) tuvo la suficiente paciencia como para estar observando en el transcurso de varios años los cambios en el desarrollo de las mamas y de los genitales de un nutrido grupo de personas durante su niñez, adolescencia y etapa adulta. A partir de sus observaciones, ideó la escala que lleva su nombre y que explica muy bien los cambios morfológicos que tienen lugar en las mamas. Aun transcurrido más de medio siglo desde su creación, y pese a ir perdiendo adeptos —son muchas las variaciones que se dan entre los distintos individuos según los niveles hormonales, la etnia o el tipo de alimentación, por ejemplo—, sigue utilizándose en algunos escenarios clínicos concretos. No voy a detallar las cinco etapas de esta escala, pero sí voy a tratar de resumir los fenómenos que tienen lugar durante los cincos años aproximados de telarquia.

Todo empieza con la elevación del pezón y, más adelante, de la areola. Tras ellos aparecen dos montículos o botones mamarios que no siempre van a ser simétricos. Poco a poco, estos montículos van haciéndose cada vez más prominentes —no las areolas, que se mantienen estables— y la mama va definiendo su perfil característico. Estos cambios de tamaño de la mama son inicialmente consecuencia del incremento del estroma y de la grasa, los elementos de sostén comentados en un capítulo previo. De ahí la importancia de la alimentación en esta etapa de la vida, ya que puede acabar determinando el aspecto final de la mama, que tiene lugar una vez entrada la etapa adulta. Además de los estrógenos, poco después del crecimiento de los elementos de sostén de la mama, aparece otra protagonista: la progesterona. Ambas hormonas darán lugar a la formación y crecimiento paralelo de los conductos, los lobulillos y, en definitiva, de ese bosque tan decisivo para el posterior desarrollo mamario que culminará algún día con la lactancia.

Las hormonas serán también responsables de la aparición del vello púbico, de los cambios en el tono de voz, de la primera menstruación (conocida como menarquia) y, en definitiva, de todo cuanto suponga la transición de la niñez a la vida adulta.

Pero esas partículas tan aparentemente disciplinadas que son las hormonas a veces pierden la compostura. La hipertrofia mamaria es una entidad muy poco frecuente —no debe confundirse con tener los pechos grandes— consistente en un crecimiento desmesurado y continuo de una o de ambas mamas, con todas las consecuencias asociadas, como pueden ser la afectación de la columna vertebral o la aparición de ciertos trastornos psicológicos, entre otras. También son muy raras las mamas tuberosas. Esta anomalía del desarrollo sucede por un defecto en la zona de implantación de la mama, lo que se conoce como hipoplasia del polo inferior, que no puede desarrollarse hacia abajo y que, por tanto, debe hacerlo anteriormente. Para entenderlo mejor, piensa en un globo hinchado que comprimes parcialmente con la mano. Esto conlleva que la mama acabe presentando una forma tubular característica y que la areola sea mucho más grande de lo habitual. La solución es únicamente, y tan solo en los casos más severos, quirúrgica.

Mucho más común —casi la mitad de los adolescentes varones la presentan— es la ginecomastia. Cuando los andrógenos no son capaces de frenar los efectos de los estrógenos puede darse este fenómeno, consistente en el desarrollo de una o de las dos mamas. No debe confundirse con la adipomastia o acúmulo de grasa en ambas mamas asociada a condiciones de sobrepeso u obesidad. Pese a resultar molesta e inquietante para el adolescente, la ginecomastia suele resolverse espontáneamente, con el paso del tiempo y sin requerir tratamiento alguno.

Es muy difícil establecer el momento exacto en el que la mujer empezó a cubrirse el pecho, así como el porqué. En los albores de la civilización egipcia, con temperaturas a menudo insoportables, predominaba el sentido práctico y tanto hombres como mujeres solían llevar el pecho al descubierto. En Grecia, sin embargo, se priorizó lo estético y así el gusto por lo andrógino supuso la ocultación del pecho femenino. Y no fue muy distinto durante la época romana. Para ello se utilizaron diversas prendas con nombres tan sugerentes como *mastodeton*, *strophium*, *fascia* o *mamilliare*. Pese a desconocer las circunstancias exactas de su uso, se podría considerar a todos ellos los precursores del sujetador actual.

La Edad Media fue también una época oscura en relación con la ropa interior femenina. Hasta hace poco se creía que tan solo consistía en prendas holgadas y toscas bajo el ropaje externo. Sin embargo, la restauración de un castillo medieval austriaco a principios de este siglo supuso el descubrimiento casual, bajo uno de los suelos, de lo que podría tratarse perfectamente de unos sujetadores. Pese a los más de seiscientos años de diferencia entre estos y los actuales, su asombroso parecido sorprendió a los estudiosos de la historia del vestido.

Con el transcurso de los años, ya durante el Renacimiento, las bandas griegas y romanas, que, a diferencia de los flamantes sujetadores medievales, eran lisas y sin bolsas adaptadas para contener los pechos, crecieron de tamaño y se convirtieron en cotillas y corsés. Parece ser que Catalina de Médici (1519-1589) fue la gran impulsora de esta prenda, cuya rigidez quitó el aliento a más de una dama de la nobleza. En función de los diferentes gustos de cada época, los corsés podían realzar u ocultar las mamas a expensas de una mayor o menor reducción de la cintura. Pero los numerosos efectos secundarios que su excesiva compresión producía (deformación de las costillas, atrofia muscular, problemas respiratorios y digestivos, entre otros) provocaron numerosas campañas en su contra, que culminaron con su declive en la época de la Revolución francesa.

Años después, tras la vuelta al orden, nuevas versiones del corsé aparecieron según la ocasión. Todas ellas, en cambio, fueron vilipendiadas, bien por feministas e higienistas, que lo consideraban un elemento opresor e insano, o bien por la Iglesia y algunos círculos conservadores, que veían el corsé como una amenaza a la moralidad; no hay que olvidar que a finales del siglo XIX los cabarés, donde su uso era frecuente, eran muy populares.

La primera patente del sujetador tal y como lo conocemos en la actualidad data de finales del siglo XIX, aunque esto no significa que no hubieran aparecido otras prendas similares con anterioridad. Para algunos fue la invención de una fisioterapeuta (sería la equivalencia laboral actual) de Dresden. La alemana Christine Hardt diseñó el *Frauenleibchen als Brustträger* («corpiño femenino como sostén del pecho») utilizando pañuelos y tirantes de hombre. Otros atribuyen el primer sujetador a una vendedora de ropa interior, la francesa Herminie Cadolle (1845-1926), que dividió el corsé en dos partes: una superior, que sostenía el pecho con unas tiras que pasaban por los hombros, y una inferior que cubría la cintura. En un principio lo llamó *corselet gorge* («corpiño-pecho») y luego, *bien-être* («bienestar»). Unos años después empezó a vender solo la parte superior, conocida como *soutien-gorge* («sujeta pecho»).

Sin embargo, en los anales de la historia consta otra mujer como la inventora del sujetador. Fue quince años más tarde, coincidiendo con el inicio de la Primera Guerra Mundial. Tal vez no fuera la primera, pero al menos resultó más glamurosa que la alemana. Por aquel entonces, Mary Phelps Jacob (1892-1970), la hija mayor de una familia acomodada de Nueva York, decidió ponerse un vestido muy especial para acudir a una de las tantas veladas que por entonces amenizaban la noche neoyorquina. Su decepción fue enorme cuando vio las varillas del corsé marcadas en el vestido y sobresaliendo por la espalda escotada. Decidió quitárselo y con un par de pañuelos de seda, una cinta rosa y un cordón improvisó lo que más tarde llamaría un *backless brassiere* («corsé sin espalda»). Su invención le permitió bailar con más ligereza y comodidad que a sus amistades. Fue tal el éxito que tuvo que decidió patentarlo. Tenía veintipocos años por entonces.

Una joven precoz que, sin embargo, se cansó pronto del invento, pues tampoco fue tan productivo como en un principio se esperaba. El negocio del *brassiere* dejó de ser una prioridad y optó entonces por vender la patente a unos fabricantes de corsés, The Warner Brothers Corset Company, por un puñado de dólares. La empresa, fundada por unos tocayos de los Warner Bros que no entendían nada de cine, tras modernizar el modelo original del *brassiere* (la forma corta, *bra*, será la utilizada en la actualidad en inglés para referirse a esta prenda

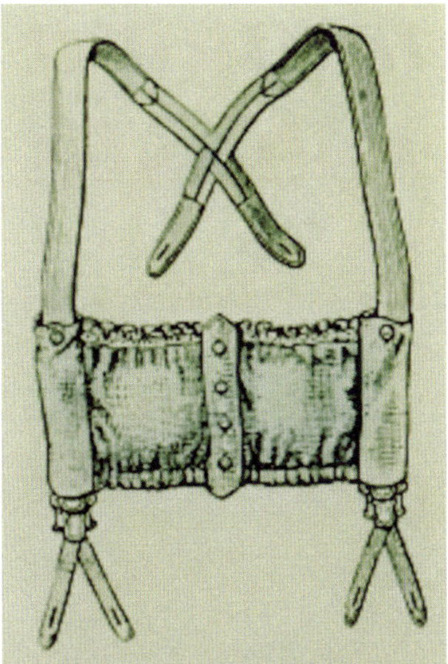

Fig. 113. Rockträger.
Nach Frl. Hardt in Dresden.

íntima), logró tanto éxito con la patente que, según se cuenta, en treinta años el valor de la empresa se multiplicó por diez mil.

La vida de Caresse Crosby (nombre con el que Mary Phelps Jacob se dio a conocer públicamente), y que ella misma relató en su autobiografía *The Passionate Years,* fue una auténtica odisea repleta de escándalos (alcohol, opio, amor libre...) y altibajos emocionales, protagonizados la mayoría de ellos junto a sus maridos.

Si Homero (siglo VIII a. C.), el supuesto autor de la *Odisea,* hubiera sabido de los avatares de la joven, no hubiera dudado en sentenciar: «La juventud tiene el genio vivo y el juicio débil».

mamma robusta

LA INFLUENCIA DEL CICLO MENSTRUAL

A partir de ahora, y mientras no se produzca un embarazo ni llegue la menopausia, la mama permanece en una aparente estabilidad. En realidad, sin embargo, son numerosos los cambios en la estructura interna de la mama que se van sucediendo y que repercuten también en su aspecto externo. Estos cambios se dan con mayor o menor regularidad e intensidad en función de diferentes circunstancias personales —la mayoría todavía se desconocen— y, en gran parte, del ciclo menstrual. Durante los aproximadamente veintiocho días que dura este ciclo —prácticamente los mismos que dura una lunación— se producen numerosos cambios en el organismo de la mujer que repercuten en múltiples aspectos como, por ejemplo, la libido, el estado de humor o, incluso, hasta la congestión nasal.

Para poder entender todas estas variaciones hay que comprender primero qué es lo que sucede durante un ciclo menstrual. Las protagonistas de esta historia son cuatro hormonas. Dos de ellas, la FSH, hormona estimulante del folículo, y la LH, hormona luteinizante, se sintetizan en la porción anterior de la glándula pituitaria, conocida también como hipófisis. Alojada en la base del cráneo, esta glándula de poco más de medio gramo de peso regula gran parte de la actividad de nuestro organismo. Las otras dos, el estradiol, el estrógeno

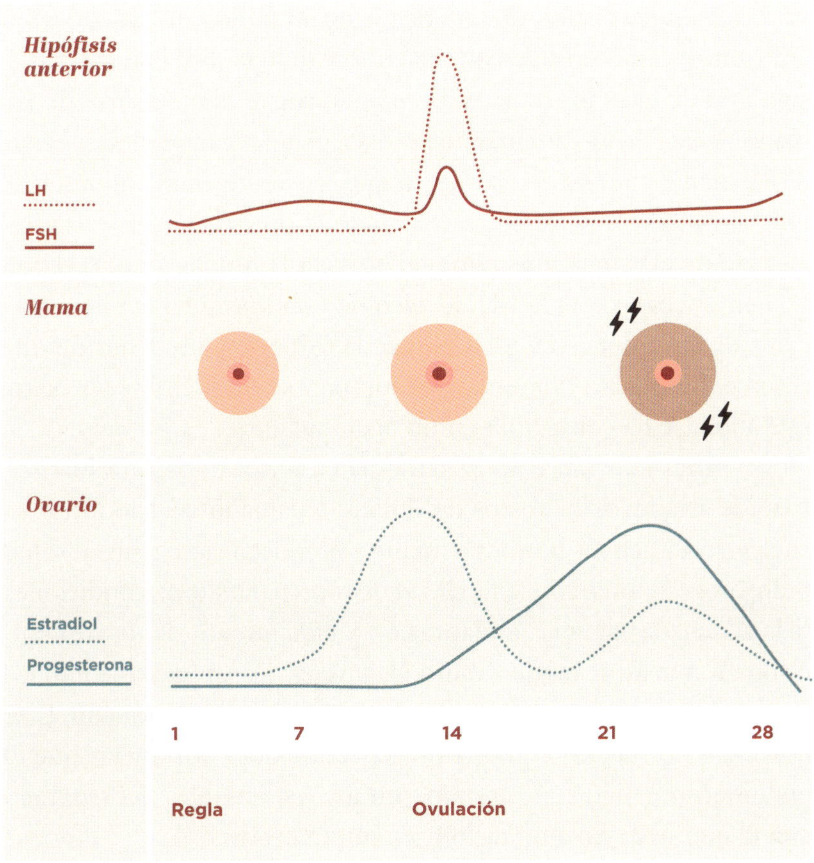

más abundante en la mujer premenopáusica, y la progesterona se sintetizan, sobre todo, aunque no únicamente, en los ovarios.

La trama empieza durante el primer día de la regla. El endometrio es como una alfombra compuesta por células y vasos sanguíneos que recubre la cavidad uterina. Cuando se produce la fecundación, la alfombra se vuelve más mullida para acoger al embrión. Pero si no es así, pierde gran parte de su pelo en forma de sangrado. Este fenómeno, conocido como menstruación, regla o periodo, suele durar unos cinco o seis días. Transcurrido este tiempo, la hipófisis ya está secretando la hormona FSH, que induce al ovario al desarrollo de los folículos, unos saquitos que contienen los huevos u ovocitos.

Cada mujer dispone de alrededor de un millón de ovocitos. Sin embargo, por mecanismos que todavía se desconocen con exactitud, solo uno de ellos prospera cada vez y consigue diferenciarse de los demás. Este folículo dominante produce grandes cantidades de estradiol a medida que va creciendo, lo que repercute en el endometrio, que vuelve a recuperar su *pelo*. Cuando la producción de estradiol alcanza niveles máximos pone en alerta a la hipófisis del cerebro, que entonces secreta la LH. El pico de esta hormona conlleva una caída drástica del estradiol e induce la ovulación alrededor del día catorce. El folículo dominante se rompe y se desprende el ovocito, que ahora se ha convertido en un óvulo maduro.

Mientras el óvulo empieza su viaje en busca de algún espermatozoide atractivo, los restos del folículo, llamado cuerpo lúteo, se vuelven muy activos hormonalmente y producen estrógenos y, sobre todo, progesterona, con la finalidad de ir preparando las condiciones más adecuadas para la implantación y crecimiento del futuro embrión. Si este no se origina, tanto los niveles de estrógenos como los de progesterona caen en picado alrededor del día veintiocho. Este descenso brusco, así como la presencia de otras sustancias que el endometrio ha ido sintetizando, son los responsables del sangrado con el que se da fin a un ciclo para empezar otro.

Como ya he dicho con anterioridad, los efectos de esta montaña rusa hormonal no se limitan al aparato reproductor, sino que su influencia en el resto del organismo, incluida la mama, es considerable. El mundo de las hormonas es tan apasionante como complejo. Y para entender sus mecanismos de acción hay que pensar en ellas como en una compleja red que las mantiene conectadas. Tanta es la relación entre sí que cualquier alteración en una de ellas puede repercutir sobre las demás.

Las tres hormonas (ni mucho menos las únicas) con más influencia en la mama joven no gestante son el estradiol, la progesterona y la testosterona; la mujer también tiene testosterona, por supuesto, aunque en dosis mucho menores que el hombre. La fluctuación, sobre todo de las dos primeras, es la principal responsable de los cambios que experimentan las mamas a lo largo del ciclo menstrual. Son cambios estructurales. Durante la fase posovulatoria, sobre todo una semana después de haber transcurrido la ovulación, y coincidiendo con la máxima secreción de estradiol y de progesterona por parte del cuerpo lúteo, las células de los lobulillos, las que constituyen las copas del árbol, se multiplican a un ritmo mayor. Además, el estroma, es decir, la amalgama que mantiene cohesionados a los elementos del lobulillo, se edematiza o, lo que es lo mismo, retiene líquido. Todo ello da pie a los diversos cambios de forma de la mama, cuyo volumen se incrementa en esta fase previa a la menstruación, generando una sensación de mayor pesadez e incluso de molestia, conocida como mastalgia cíclica.

Esta situación puede considerarse relativamente normal y a menudo se acompaña de una retahíla de síntomas tanto físicos como psíquicos, que se conocen como síndrome premenstrual. Los síntomas suelen mejorar con hábitos saludables como disminuir la ingesta de sal, café, tabaco o alcohol, así como incrementar el consumo de alimentos con hidratos de carbono complejos, esto es, los que tardan más tiempo en convertirse en glucosa, como las verduras o los cereales integrales. El síndrome premenstrual deja de ser *normal* cuando afecta de un modo considerable la calidad de vida de la mujer. En estos casos es necesario contactar con un especialista.

Según los expertos en este asunto, una proporción considerable de mujeres no lleva la talla correcta de sujetador. Y es que, también según estos expertos, el método actual de tallaje es bastante impreciso. Su origen se remonta a principios de los años treinta. Por entonces, el modelo *flapper* o *garçonne* («andrógino»), predominante en los años veinte y que abogaba por ocultar el pecho aplanándolo, ya había cedido. En gran parte, gracias a la ocurrencia de Ida Rosenthal (1886-1973), que consideraba que los vestidos que vendía en su tienda quedaban mejor si se realzaba el pecho de algún modo.

Entonces ideó las copas, que rápidamente triunfaron. Tal fue su éxito que, tras empezar ofreciéndolas conjuntamente con cada vestido, acabó vendiéndolas por separado. Fue en 1932 cuando la empresa estadounidense S. H. Camp and Company tuvo la idea de nombrar cuatro tipos distintos de copas posibles con las cuatro primeras letras del alfabeto. La empresa de Michigan no tuvo en cuenta el volumen de la mama, sino cuán péndulas eran. En poco tiempo la mayoría de las compañías americanas adoptaron una clasificación similar mediante letras. Su incorporación en el resto del mundo fue más tardía y en la actualidad se sigue utilizando en la mayoría de los países, aunque de formas muy dispares.

Las dos variables que definen el tallaje de un sujetador son la medición del perímetro torácico, justo por debajo del pecho, y la medición del contorno torácico, a la altura de los pezones. Lo que parece un sistema fácil, en realidad no lo es tanto. Y es que a las diferentes unidades de medida utilizadas (centímetros, pulgadas...) hay que añadir las singularidades propias de cada país. Así, por ejemplo, en España, que sigue el tallaje francés, hay que sumar quince centímetros a la talla obtenida con la primera de las mediciones. Por otra parte, para calcular la copa se tiene que restar la primera medición (en el caso español o francés, sin considerar ahora los quince centímetros extra) a la segunda. Luego, hay que buscar la resultante obtenida en una tabla de equivalencias, donde se asignan las diferentes letras en función del intervalo de mediciones.

Aquí va un ejemplo para que resulte más claro. Marta, una alta ejecutiva de Barcelona de treinta y seis años, mide su contorno torácico con una cinta métrica y obtiene las siguientes mediciones: setenta y nueve centímetros (bajo el pecho) y noventa y ocho centímetros (a la altura de los pezones). Para conseguir la talla de su sujetador, tiene que sumar los quince centímetros singulares del sistema español a los setenta y nueve centímetros obtenidos con la primera medición. Pero se encuentra con que no existe ninguna talla con ese resultado: noventa y cuatro, así que tiene que redondearlo a noventa y cinco. El siguiente paso es restar setenta y nueve a noventa y ocho para obtener la copa. El resultado es diecinueve; después de consultarlo en una tabla de equivalencias, se encuentra en el intervalo de mediciones que abarca la copa D.

En resumen, la talla óptima teórica de Marta es una 95D. Sin embargo, como casi todo en esta vida, el concepto de talla teórica es bastante relativo. Nuestra ejecutiva tal vez se sienta más cómoda yendo un poco más holgada, con lo que podría utilizar perfectamente la talla 100C. O tal vez le apetezca sentirse más ceñida, con lo que una 90E sería adecuada.

El problema viene cuando, acostumbrada a viajar mucho por su trabajo y a cargar siempre con el menor equipaje posible, Marta necesita comprar un sujetador en el extranjero y no lo tiene demasiado fácil según la ciudad europea donde se encuentre. En Glasgow, necesitaría una talla 36D; en Hamburgo, la 80D y en Milán, la 3D. Y ya te puedes imaginar si viaja fuera del continente europeo... No es de extrañar, pues, que cada vez más voces reclamen la uniformidad de criterios para el tallaje de los sujetadores. Como te habrás fijado, Marta no tendría demasiado problema con la copa. Los tamaños más frecuentes suelen ser similares entre países. Pero si en lugar de una D fuera una copa mayor, entonces también empezaría a encontrar algunas discrepancias de criterio.

Cuando uno busca en internet se puede encontrar fácilmente con supuestas publicaciones y mapamundis de muy escaso rigor científico comparando el tamaño de las mamas entre los diferentes países. La mayoría, en función de los tamaños de copa más utilizados. Ninguno de ellos menciona la metodología ni las fuentes consultadas. Y, además, el hecho de equiparar el tamaño mamario con la copa del sostén supone una gran imprecisión. Ni siquiera los científicos se ponen de acuerdo en señalar el mejor método para calcular el volumen mamario. Su anatomía peculiar y su gran variabilidad de formas dificultan esta tarea. Sin embargo, como enamorados que somos de las listas y clasificaciones, ¿quién puede resistirse a consultar un *ranking* de tamaño de pechos?

mamma sensibilis

EL SÍNDROME PREMENSTRUAL

Se ha hablado mucho acerca del síndrome premenstrual y de su origen. Son varias las explicaciones simplistas que se han dado al respecto, pero si algo sabemos bien es que cuando existen hormonas de por medio no hay nada simple. En 1996 el médico estadounidense John R. Lee (1929-2003) publicó un libro con un título muy largo explicando la teoría de la dominancia estrogénica. Según esta, cuando se produce un desequilibrio entre los estrógenos y la progesterona, generalmente por el déficit de esta última, el exceso de estrógenos es el responsable de los síntomas del síndrome premenstrual. La solución, fácil, pasa por compensarlo con progesterona. El problema, según los críticos a este trabajo, es que en esta receta hay más ingredientes aparte de estas dos hormonas y, además, el equilibrio no se consigue contrarrestando el efecto de los estrógenos con una proporción similar de progesterona, sino que las proporciones son distintas para cada persona y variables según el momento. De ahí la relativa poca aceptación de esta teoría por parte de la comunidad científica, que ve difícil el estudio metódico de este conjunto tan variado de síntomas.

Con sus luces y sombras, el trabajo de Lee ayudó a frenar el uso indiscriminado de anticonceptivos orales basados exclusivamente en estrógenos. Por entonces se indicaban a una gran mayoría de mujeres peri o posmenopáusicas, lo que supuso un incremento en la incidencia de cáncer endometrial. Pero también llevó a un uso probablemente abusivo de la progesterona como gran equilibradora de los síntomas estrogénicos. Hoy en día se siguen utilizando con más o menos éxito las cremas basadas en progesterona para calmar la mastalgia cíclica severa.

Lo que sí parece claro es la conexión existente entre los estrógenos y la progesterona sintetizadas por el cuerpo lúteo del ovario y las hormonas secretadas por el cerebro, concretamente por la hipófisis y el hipotálamo, así como por las glándulas suprarrenales. Estas redes de interconexión se denominan ejes y su equilibrio es básico para lograr cierta armonía. Su desequilibrio tiene que ser corregido por un especialista, y de manera individual según cada mujer. Las recetas mágicas, simplistas y generalistas para reestablecer el equilibrio hormonal no existen. Sí las hay, en cambio, para mantenerlo a raya y así evitar los desagradables síntomas tanto físicos (retención de líquidos, reglas dolorosas, cefalea, dolor muscular y articular, diarrea, estreñimiento, acné, fatiga, mastalgia...) como psíquicos (alteraciones del sueño, ansiedad, depresión, tristeza, irritabilidad, antojo de dulce, hipersensibilidad a la luz y al ruido...) que estos desequilibrios pueden generar. Los principales ingredientes de esta receta o, mejor dicho, *antirreceta*, son el estrés, el consumo de alcohol, la cafeína, la teína, el chocolate, el queso curado, el tabaco y el exceso de grasas. Afortunadamente, la mayoría depende de nosotros mismos.

Sin embargo, otros de los ingredientes de esta *antirreceta* son más difíciles de controlar de manera individual. En este caso, las autoridades sanitarias tienen mucho que decir. Se trata de los disruptores endocrinos: sustancias químicas presentes en algunos plásticos, herbicidas, cosméticos y otros productos de uso cotidiano. Si bien el cuerpo humano no los produce, al ser asimilados por este pueden comportarse como hormonas o antihormonas. Su acción interfiere en los equilibrios hormonales, tan importantes para el correcto desarrollo y funcionamiento del organismo. Sus efectos son muy difíciles de cuantificar, lo que hasta ahora ha permitido a empresas y autoridades ir postergando la toma de medidas preventivas o correctoras al respecto. Sin embargo, cada vez hay más evidencia de la presencia en nuestros organismos y en nuestro entorno de estos disruptores implicados en anomalías del desarrollo e incluso en algunas enfermedades como el cáncer.

Algunos estudios han relacionado la depresión en hombres jóvenes con un exceso de estrógenos —recuerda que el hombre también tiene estradiol, pero en una proporción mucho menor que la mujer—. Aunque puede parecer una dolencia moderna, es muy probable que en el siglo xv ya afectara al rey francés Carlos VII el Victorioso (1403-1461). En las crónicas de la época no se menciona el término «depresión» como tal, pero sí se describen varios episodios de tristeza y de pérdida de interés que apuntan hacia ella. Aunque nada es para siempre. Gran parte de la mejoría anímica del rey se ha atribuido a Agnès Sorel (1422-1450), su amante. Tanto era su afecto y atracción por ella que, para escándalo de una gran parte de la sociedad, no solo la reconoció oficialmente —se dice que fue la primera cortesana de la historia—, sino que, además, acabó abandonando a su mujer, María de Anjou (1404-1463), para retirarse con Agnès en un *château*.

La biografía de quien empezó como sirvienta de la reina y acabó convirtiéndose en su rival es de lo más interesante. Fue una mujer moderna que destacó por romper con algunas de las convenciones de la época, lo que llegó a escandalizar a muchos. Solía llevar unos escotes considerables que, según testimonios escritos y gráficos de entonces, a menudo dejaban entrever —o mostrar tal cual— sus pechos. La blancura de su piel contrastaba con el brillo de las piedras preciosas que llevaba encima. Y todo ello a pesar de que, según un edicto promulgado dos siglos antes, no podían exhibirse joyas en público, a no ser que fuera el mismo rey en persona quien las llevara. Para hacer menos evidentes sus grandes ojos, se depilaba

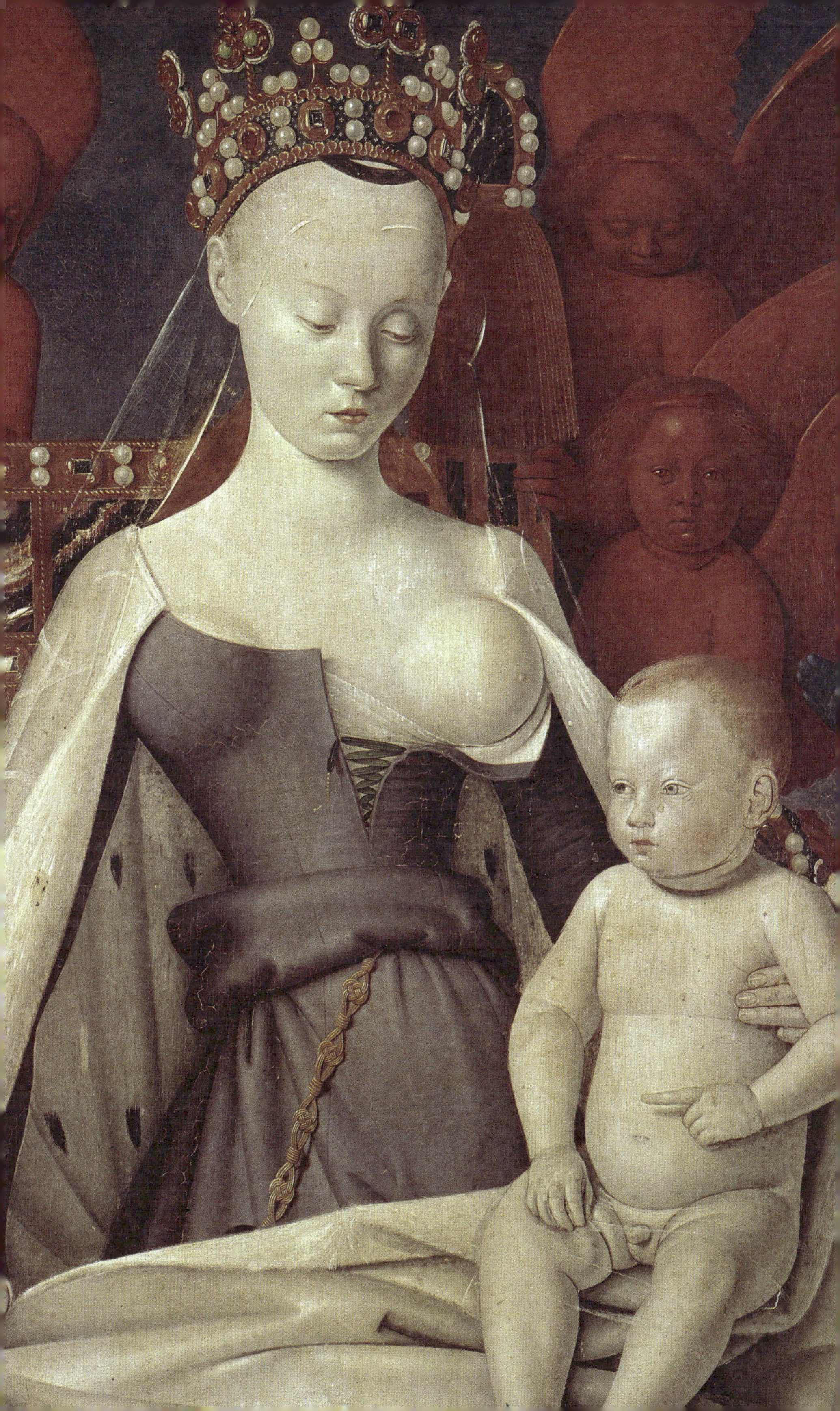

las cejas y el cabello rubio que crecía más próximo a la frente para así agrandarla. Y, además, solía llevar los labios pintados de un color rojo intenso.

Con su actitud, vista por muchos como provocadora, se granjeó muchas enemistades, por lo que no es de extrañar que muriera envenenada con mercurio —un importante disruptor hormonal, por cierto, presente en los pescados grasos de gran tamaño— en extrañas circunstancias. Pero también tuvo admiradores, sinceros o por interés, como Étienne Chevalier (1410-1474), tesorero y consejero del rey que, tras la muerte de Agnès, encargó una pintura al famoso Jean Fouquet *(c.* 1420-*c.* 1480). Este artista realizó un díptico compuesto por dos paneles, uno de los cuales lleva por título *La Virgen con el Niño y ángeles.* En él aparece una Virgen de gran belleza y elegancia enseñando el pecho izquierdo a un niño desnudo de aspecto mayor, sentado en su regazo y que no parece prestarle demasiada atención. Aunque en esa época el mensaje de una Virgen madre y nodriza de la humanidad es más importante que los propios detalles pictóricos, llama la atención el poco realismo de sus pechos, completamente esféricos, elevados y muy alejados el uno del otro.

Pues tienes que saber que cuando estás observando a esta María idealizada, en realidad te encuentras frente a la mismísima... Agnès Sorel.

mamma dolens

LA MASTALGIA

Las hormonas no son siempre las responsables del dolor mamario. A veces la mastalgia no guarda relación con el ciclo menstrual y, en ese caso, suele afectar a una sola mama y no suele ir acompañada de hinchazón.

La disposición de los nervios de la mama es compleja y puede ser variable no solo entre personas distintas, sino también entre ambas mamas de una misma persona. En cuanto a sexos, la principal diferencia radica en la densidad nerviosa. Como es lógico, dado el menor tamaño de la mama en el hombre, la densidad nerviosa es mayor que en la mujer.

Una amplia red constituida por múltiples conexiones y terminaciones nerviosas se extiende por toda la superficie mamaria, incluidos la areola y el pezón. La mayoría de ellas se originan en las ramas anteriores y laterales de los nervios intercostales (los que discurren entre las costillas), pero algunas también provienen de los nervios supraclaviculares (los que se encuentran por encima de la clavícula). Por tanto, es fácil de imaginar por qué el dolor de zonas como el hombro, el brazo o la espalda pueden irradiarse a las mamas.

Todo este enmarañamiento de terminaciones nerviosas alrededor de la mama la hacen especialmente sensible no solo a los estímulos externos, como el tacto o la temperatura, sino también, y tal y como hemos visto en capítulos previos, a los cambios hormonales que tienen lugar en su interior.

Entre las mujeres más activas, el ejercicio físico intenso puede ser un factor desencadenante de dolor en las mamas. Los movimientos bruscos y repetitivos en el eje vertical (los que se producen, por ejemplo, al correr o saltar) son los que suelen estar implicados con mayor frecuencia. Las causas del dolor no están claras del todo, pero parecen relacionarse con la tensión que el movimiento genera en las estructuras de sostén: estroma, grasa y ligamentos de Cooper. Otro factor es el tamaño de la mama: a mayor tamaño del pecho, mayor suele ser la mastalgia asociada. Por todo ello, y para evitar la posible tracción de estos elementos de sostén, se aconseja el uso de sujetadores especiales durante la práctica de determinados ejercicios.

Otro tipo de sujetadores, como los de aro, se han asociado a menudo con multitud de problemas. En realidad, lo único que puede achacarse a este componente de metal o plástico, generalmente, es el efecto compresivo en la parte inferior de la mama, que puede comportar cierta mastalgia. No existen pruebas evidentes, en cambio, que demuestren el efecto de esta compresión sobre la aparición del cáncer de mama, tal y como a menudo se escucha en ámbitos no científicos.

Cualquier cirugía llevada a cabo en la mama, bien sea por la extirpación de un tumor o de otro tipo de lesión, una reducción, una mastopexia (levantamiento del pecho) o bien por una colocación de implantes, puede dañar esta compleja trama nerviosa. La mayoría de las veces se autorresuelve con el tiempo, pero aun así es frecuente la existencia de algunas secuelas que pueden repercutir con mayor o menor intensidad en el bienestar de la mujer. El descenso de la presión atmosférica asociado al empeoramiento del tiempo también puede desencadenar, al igual que en otras heridas quirúrgicas, cierta molestia en las cicatrices de la mama operada. Aunque los mecanismos exactos se desconocen, podrían guardar relación con la expansión de las estructuras vasculares y nerviosas que tienen lugar en estos casos.

Pero la verdad es que el dolor a veces no proviene de la mama. La mayoría de las costillas se unen al esternón (el hueso del escote) mediante un cartílago, una especie de cojinete de goma que ofrece cierta movilidad y que está desprovisto de vasos y de nervios en su interior. A pesar de eso, no es rara su inflamación, siendo más frecuente la del segundo o tercer cartílago del lado izquierdo (entidad conocida como síndrome de Tietze), que genera un abultamiento doloroso en la zona. Pero también el dolor muscular —no hay que olvidar que la mama reposa encima de tejido muscular— o el originado en otras estructuras anatómicas próximas pueden simular un origen mamario.

En definitiva, es difícil establecer con exactitud el o los responsables en cada caso de la mastalgia. Muchas veces es la suma de varios factores, tanto hormonales como no hormonales, lo que nos va a dificultar enormemente su abordaje y tratamiento.

Si uno viaja a la isla de Sicilia, el balón que chuta la Italia peninsular, no puede dejar de visitar la villa romana del Casale, construida alrededor del siglo IV a escasos kilómetros de Piazza Armerina. Gracias al barro que la sepultó tras unas devastadoras inundaciones, se han mantenido en perfecto estado algunas de sus estancias, decoradas con un impresionante conjunto de mosaicos considerado Patrimonio de la Humanidad por la UNESCO.

Entre los múltiples motivos representados en los más de tres mil metros cuadrados de mosaico, llama la atención el conocido como «la coronación de la ganadora». Situado sobre el suelo de la cámara de las gimnastas, en él se representa a diez mujeres jóvenes durante una competición deportiva. Excepto una de ellas, la de mayor edad, que lleva una corona y una rama de palma para entregar a la ganadora, y que viste con una toga no del todo grande (con el pecho derecho

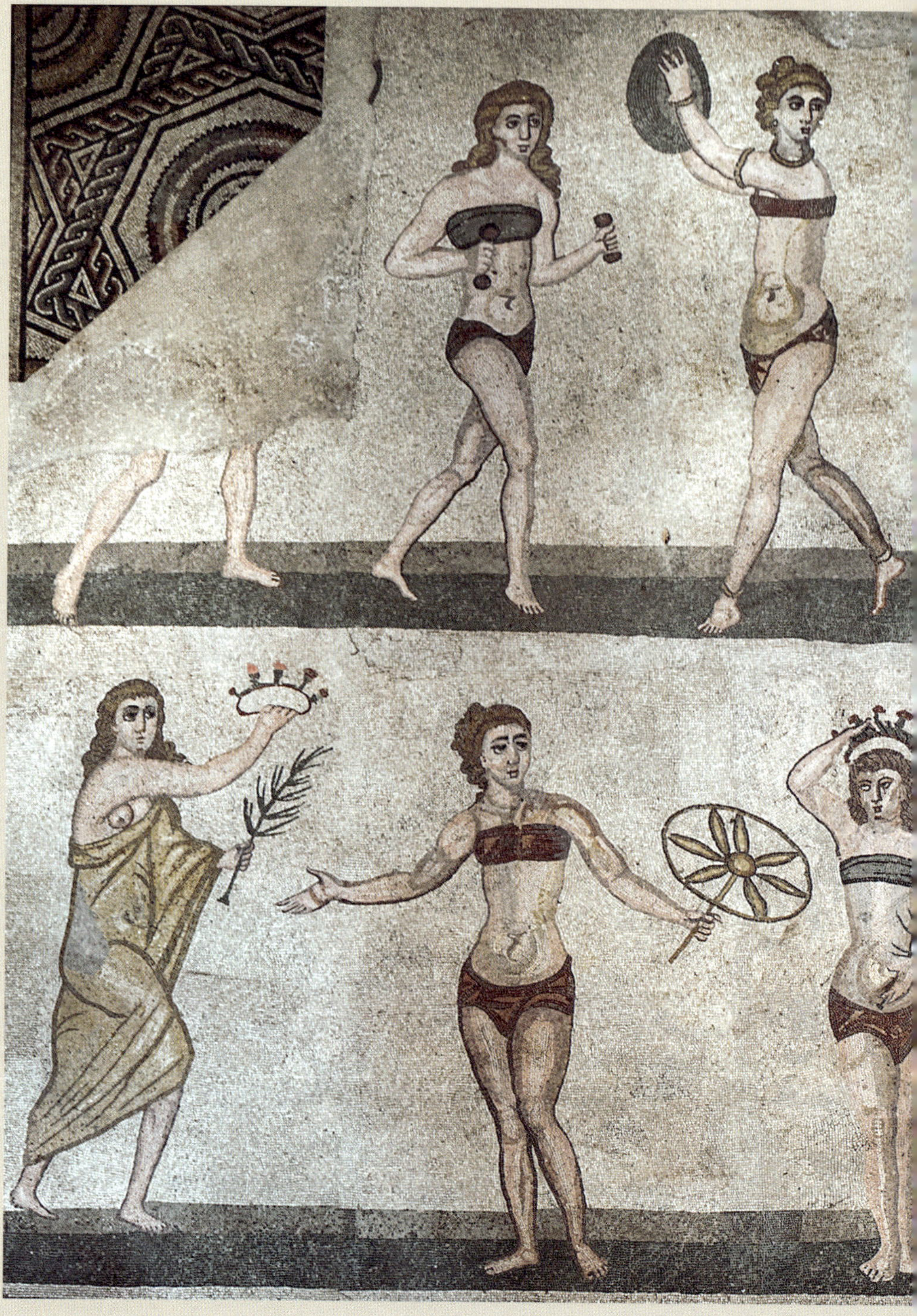

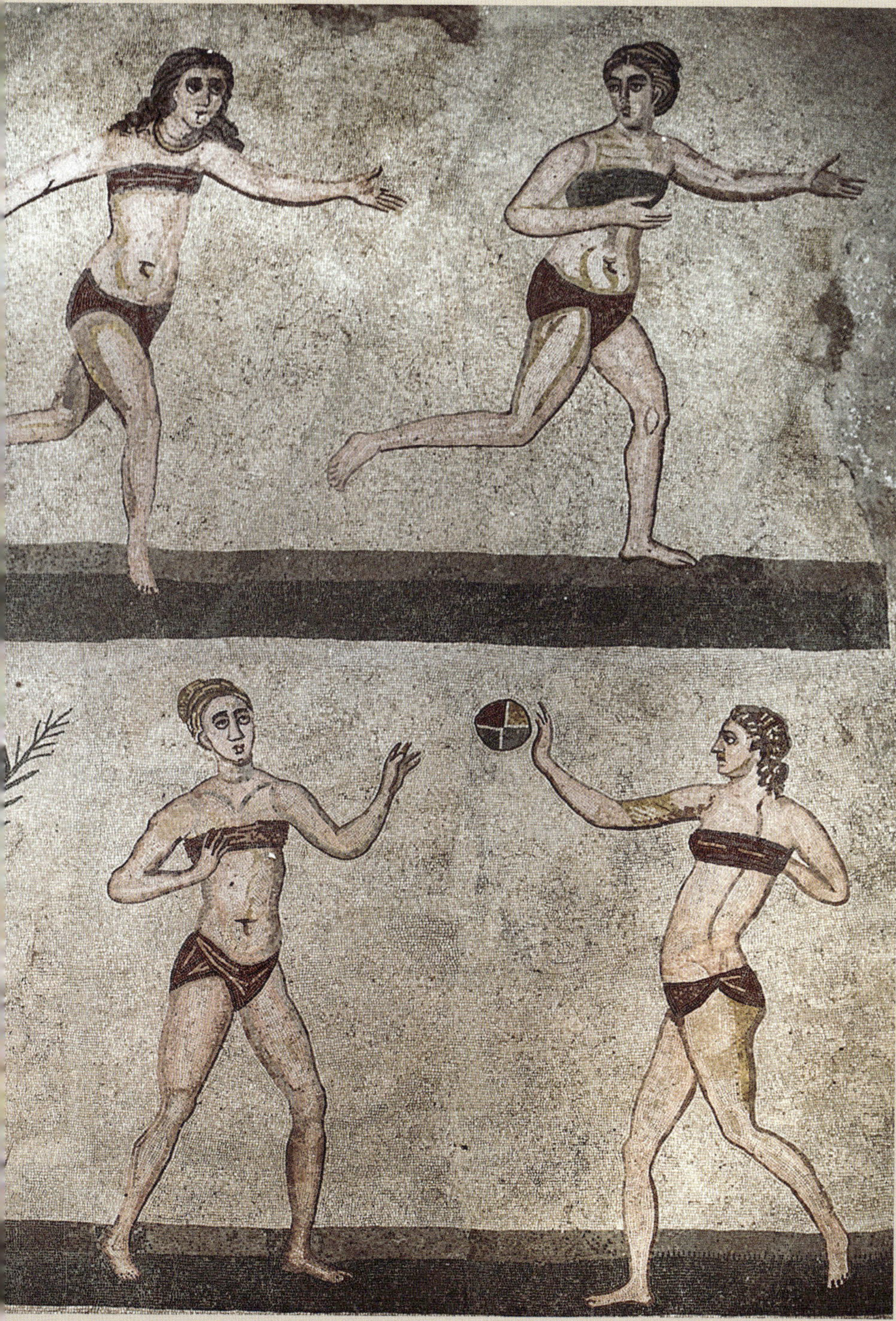

al descubierto), las demás llevan puesto únicamente lo que parece un bikini. En realidad, se trata de dos piezas distintas conocidas como *strophium* (para ocultar el pecho) y *subligalicum* (para la zona genital), pero el parecido con un bikini es impresionante.

En la época romana, a diferencia de la griega, las mujeres podían participar en competiciones deportivas. Pero al contrario que los hombres, que, aunque podían competir desnudos era frecuente que se taparan los genitales con el *perizoma*, el desnudo femenino no estaba permitido. Me gustaría justificar el uso de las dos prendas en la búsqueda de la máxima comodidad posible para las deportistas durante la práctica del ejercicio. Pero también se sabe con certeza que la desnudez femenina hería la sensibilidad de una gran parte del público asistente a los eventos.

Es impresionante la similitud del deporte actual con el practicado durante la época romana. En el mosaico pueden distinguirse con todo detalle una mancuerna, un disco y un balón. Además, al igual de lo que todavía sucede hoy en día, las mujeres podían competir entre ellas, pero nunca contra los hombres. Entre los motivos actuales esgrimidos por las distintas sociedades deportivas para esta separación por sexos destaca la anatomía ventajosa de los hombres con respecto a las mujeres, que les permite una mayor fuerza muscular. Se ponen como ejemplo las marcas atléticas conseguidas por hombres y por mujeres.

Pues bien, la diferencia entre unas y otras se debe, en gran parte, a la testosterona. Esta hormona es un andrógeno presente en ambos sexos, pero mucho más abundante en los hombres. Los andrógenos aumentan la masa muscular, la densidad ósea y los niveles de hemoglobina en sangre (un efecto muy similar al de la conocida eritropoyetina sintética o EPO), queman grasas y mejoran las habilidades motoras. En las mujeres, además, tienen efectos virilizantes que pueden conllevar un escaso desarrollo mamario. Basta el ejemplo de las deportistas de algunos de los antiguos países del Este, como la República Democrática Alemana, que durante años fueron atiborradas a andrógenos exógenos, es decir, que no son sintetizados por el propio organismo, y que fueron famosas no solo por sus marcas imbatibles, sino también por su aspecto físico viril. Por desgracia, el dopaje con andrógenos no es cosa de un pasado reciente, sino que persiste en nuestros días.

Pero la polémica más actual en la escena deportiva surge de una realidad biológica que ha sido ignorada durante mucho tiempo: la categorización del género en masculino y femenino no es exacta. ¿Qué sucede en el caso de las deportistas intersexuales (con rasgos sexuales masculinos y femeninos), transgénero (con identidad de género distinta a la que se les asignó al nacer), o bien con las deportistas con algún trastorno responsable de un estado de hiperandrogenismo (niveles de testosterona por encima de la normal)? ¿Cómo integrar o regular esa aparente ventaja física? Todavía queda mucho trabajo por hacer en este sentido.

mamma falsa

LOS IMPLANTES

No todas las mujeres se sienten a gusto con el tamaño de su pecho. A menudo no se trata de un simple capricho estético, sino de una necesidad planteada a raíz de anomalías físicas o trastornos psicológicos asociados. Un tamaño mamario excesivo, por ejemplo, puede conllevar, entre otros: dolor de espalda u hombros, dificultad del drenaje linfático, limitaciones para practicar determinados deportes y pérdida de la autoestima. La reducción quirúrgica mamaria solucionaría con relativa facilidad todos estos problemas. También el hombre con una marcada ginecomastia o adipomastia puede beneficiarse de la extracción quirúrgica de los acúmulos de tejido mamario o de grasa detrás del pezón.

Pero, sin duda, la intervención solicitada con mayor frecuencia es justo la contraria. Cada vez es mayor el número de mujeres que desean incrementar el tamaño de su pecho pasando por el quirófano. Las prótesis mamarias están formadas por una cubierta de silicona que puede ser lisa o bien texturizada. Las pequeñas rugosidades de esta última permiten que el implante se fije mejor y se desplace menos. El contenido de las prótesis puede ser variable, pero los materiales más comunes son el suero salino y el gel de silicona. La textura de las segundas es la más parecida a la de la mama.

Bien sea un contenido u otro, y pese a ser todas ellas seguras, el organismo las considera como un cuerpo extraño y, en consecuencia, genera una cicatriz (una especie de caparazón inflamatorio alrededor de ellas) que se denomina cápsula. Aunque suele ser fina, bajo determinadas circunstancias puede engrosarse y volverse muy rígida (incluso calcificarse), lo que puede llegar a comprimir la prótesis, deformándola y volviéndola esférica como si fuera una pelota de tenis. A esta anomalía se la conoce como contractura capsular. Puede generar molestias, pero no supone ningún peligro.

Hablando de formas, las prótesis pueden ser redondas o anatómicas. Las redondas, por ejemplo, quedan más disimuladas cuando la mujer está en posición horizontal; por contra, las anatómicas (con forma de gota, es decir, más grandes en la parte inferior que en la superior) simulan mejor la mama en la posición vertical.

Las prótesis pueden implantarse por delante de la musculatura pectoral (las llamamos subglandulares) o por detrás (retropectorales). La cirugía de los implantes subglandulares suele ser más fácil y rápida, así como menos dolorosa, ya que no necesita diseccionar el músculo. Basta con un corte por debajo del surco mamario o bien alrededor de la areola. De ese modo, además, resulta más fácil la colocación de prótesis de mayor tamaño. Sin embargo, cuando la distancia a la piel es escasa, pueden llegar a verse algunos de los pequeños pliegues que con el tiempo suelen darse en los implantes, lo cual no resulta demasiado estético. El abordaje retropectoral supone una cirugía más compleja. Estos implantes quedan ocultos tras el músculo, con lo que suelen pasar más desapercibidos. Según la anatomía del pecho, el tipo de implante y el efecto estético deseado, el cirujano plástico acaba aconsejando un abordaje u otro.

Como cualquier cirugía precedida de una anestesia general, la colocación de implantes no está exenta de riesgos, y la mujer debe conocerlos antes de entrar en el quirófano. También debe tener en cuenta que, a diferencia del famoso lema publicitario de De Beers (la principal compañía que comercia con diamantes del mundo), unas prótesis no son para siempre. Pese a que los materiales utilizados en su fabricación son cada vez más sofisticados y resistentes, una mujer debe entrar en el quirófano consciente de que tal vez necesite algunas reintervenciones con el paso del tiempo.

La mayoría de las complicaciones asociadas con los implantes son locales. Entre las principales se encuentran: la contractura capsular (ya descrita anteriormente), el seroma (líquido) alrededor de la prótesis, el desplazamiento o herniación y la rotura. Las roturas pueden ser intracapsulares (cuando se rompe la cubierta, pero no se sale el gel, que queda contenido por la cápsula inflamatoria) o extracapsulares (cuando se rompe la cápsula y el contenido se escapa fuera de esta). Los siliconomas o acúmulos de silicona fuera del implante son consecuencia de estas últimas.

Otro posible inconveniente, aunque mucho menos frecuente, es el síndrome de ASIA, que no guarda relación alguna con el continente, y que consiste en una respuesta exagerada del sistema inmunitario, provocada por alguno de los componentes del implante, con diferentes consecuencias en cualquier lugar del organismo. Entre los síntomas que incluye este síndrome, que también puede desencadenarse por elementos tan dispares como los marcapasos o las lentes intraoculares, se encuentran: dolor muscular y de las articulaciones, fatiga crónica, lesiones cutáneas e incluso manifestaciones neurológicas.

Una entidad parecida, aunque menos aceptada por la comunidad médica es la BII, siglas de *breast implant illness*, o enfermedad del implante mamario. Pese a que estas complicaciones no suponen un peligro inminente para la mujer, suelen tratarse retirando el implante. Es lo que llamamos explantación. Este procedimiento suele ser el tratamiento también de una entidad rarísima, conocida como linfoma anaplásico de células grandes. Este tumor, que se asocia con los implantes de superficie rugosa, se origina alrededor de estos y se manifiesta como un crecimiento del tamaño mamario. La hinchazón, que puede acompañarse de otros síntomas como dolor mamario, fiebre o inflamación ganglionar, se debe a la acumulación de líquido entre el implante y la cápsula que lo rodea.

Otro de los inconvenientes de las prótesis y que a menudo no se explican a las mujeres que optan por esta cirugía es la dificultad que pueden suponer para el diagnóstico de determinadas patologías mamarias. Sobre todo, en el caso de las prótesis subglandulares, las que se colocan por delante de la musculatura pectoral. Pueden superponerse a estructuras normales o patológicas de la mama e impedir su correcta visualización en la mamografía. Para resolver esta limitación, aunque solo sea en parte, existen técnicas mamográficas especiales.

Y ya que hablamos de métodos de diagnóstico por imagen, conviene aclarar que la mejor técnica para estudiar las prótesis es la resonancia magnética. Sin embargo, en la mayoría de ocasiones basta con otra técnica mucho más disponible, menos engorrosa y más rápida, como es la ecografía. A todas ellas me referiré con más detalle en los siguientes capítulos.

Durante la Segunda Guerra Mundial los médicos japoneses fueron los primeros en utilizar las inyecciones de silicona para dar volumen a las mamas de muchas compatriotas deseosas por parecerse a las mujeres estadounidenses. Los resultados fueron, en general, tan desastrosos como los efectos secundarios —la mayoría inflamatorios— de los experimentos realizados hasta entonces con elementos tan variopintos como la parafina, las esponjas y las bolas de cristal o de marfil.

No fue hasta los años sesenta cuando un cirujano plástico estadounidense se dio cuenta de que el tacto de las bolsas de sangre era muy parecido al de un pecho. Frank Gerow (1929-1993) y su colega Thomas Cronin (1906-1993) trabajaron conjuntamente con una empresa para desarrollar un prototipo de prótesis. En un principio experimentaron con una perrita de nombre Esmeralda. Su organismo reaccionó bien, pero la pobre empezó a morderse los puntos y tuvieron que retirárselas. Poco después llegó el turno a una mujer de veintinueve años de Texas, que acudió a la consulta para eliminar unos tatuajes que llevaba en los pechos. Se trataba de unas rosas de color rojo que se tatuó para contentar al hombre por el que abandonó a su marido tras más de diez años de matrimonio y seis hijos. Una vez retirados los tatuajes, la pareja de cirujanos plásticos le ofrecieron la oportunidad de enmendar sus pechos caídos y de ser la primera mujer del mundo en llevar unos implantes mamarios de silicona. Timmie Jean Lindsey (1931) aceptó el reto, a cambio de... ¡un retoque estético en las orejas! El aparente éxito inicial de la cirugía no lo fue tanto al cabo de un tiempo. La pobre mujer, en una entrevista que le realizaron más de cuatro décadas después, seguía orgullosa por la hazaña quirúrgica de la que fue protagonista, aunque confesó haber estado padeciendo dolores más o menos intensos desde entonces.

Hasta el momento actual los avances médicos han permitido perfeccionar el diseño de los implantes, que en su gran mayoría siguen siendo de silicona y cuya seguridad no parece ofrecer dudas. Pese a todo, seguimos recordando con inquietud el escándalo que en 2010 estalló en Francia, al salir a la luz que la empresa PIP (acrónimo de Poly Implant Prothèse) había estado utilizando silicona industrial, mucho más barata y con más impurezas que la silicona de uso médico, para la confección de sus implantes desde 2001. A diferencia del resto de prótesis, estas tenían muchas más posibilidades de rotura a los diez años de implantación, con los problemas de tipo inflamatorio y tóxico que todo ello suponía al tratarse de un material tan impuro. También se describieron algunos casos de cáncer entre las mujeres portadoras de estos implantes, sin que, no obstante, se haya podido demostrar una clara causa-efecto. Se cree que fueron más de trescientas mil las mujeres afectadas en todo el mundo. Muchos países ofrecieron la posibilidad de retirar gratuitamente las prótesis PIP implantadas en su territorio. El estado francés, tal vez empujado por un sentimiento de culpabilidad, se ofreció incluso a sufragar el coste de su reemplazo por otras nuevas.

Se denomina cosificación al hecho de observar a una persona simplemente como un objeto sexual o instrumento de placer. Cada vez es más común en una sociedad consumista como la actual, donde todo vale para cosechar éxitos o beneficios. Las mamas son tal vez las principales protagonistas de la cosificación femenina. A quién no le viene a la cabeza la imagen de un calendario con la foto de una modelo en *topless* luciendo unas mamas de tamaño considerable. En los años cuarenta del siglo pasado se acuñó el término inglés *pin-up* para denominar a las modelos o actrices famosas, en un principio, y modelos porno más adelante, protagonistas de estos calendarios o pósteres.

El diario sensacionalista *The Sun* es el de mayor tirada del Reino Unido. Cuando el multimillonario Rupert Murdoch (1931) lo adquirió, tuvo una brillante idea para conseguir aumentar la difusión del tabloide: incluir cada día, en la página tres, una modelo o actriz en *topless*. Lo que puede parecer una extravagancia machista resultó ser una fórmula exitosa durante más de cuarenta años. Tan grande fue el éxito que incluso algunos de los diarios rivales también decidieron tener su página tres.

Lo cierto es que antes del de Murdoch, un tabloide español tuvo una idea similar. Se trata del diario deportivo *As*. Desde mediados de los años sesenta del siglo pasado ofrece cada día la foto de una *chica de la contraportada*. Suele ser la imagen explícita de alguna modelo o deportista de buen ver que, si bien no aparece en *topless*, suele estar especialmente dotada.

La obsesión por el tamaño de las mamas llega más allá de la prensa sensacionalista o deportiva, y se extiende también al mundo de la ciencia. Me imagino que recuerdas a la oveja Dolly (1996-2003). Fue el primer mamífero clonado a partir de una célula no embrionaria, sino adulta. Nació en Escocia, procedente de la glándula mamaria de una oveja de seis años. Este hecho no pasó desapercibido por los científicos implicados, que decidieron llamarla Dolly (su nombre verdadero era 6LLS) en honor a los pechos de la cantante y compositora estadounidense Dolly Parton (1946). La responsable de éxitos tan famosos como *Jolene* o *I will always love you* (la misma canción que Whitney Houston [1963-2012] popularizara unos años más tarde en *El guardaespaldas)* es conocida también por el volumen considerable de sus pechos, en gran parte gracias a unos generosos implantes mamarios. Parton ha llegado a confesar en alguna entrevista el calvario de dolor que ha tenido que pasar por culpa de ellos.

Los movimientos feministas y una mayor concienciación de la sociedad han logrado reducir, solo en parte, la cosificación femenina. Sin embargo, la tendencia actual no parece ir encaminada hacia la desaparición de este fenómeno, sino más bien hacia su propagación al otro lado de la balanza. Es lo que se conoce como cosificación masculina. Está patente, por ejemplo, en los calendarios de bomberos con poca ropa o en los calendarios de sacerdotes católicos jóvenes y atractivos. En este último caso, sin pectorales ni tableta de chocolate, pero con sotana y alzacuellos a modo fetichista.

Pero ¿qué sucede con la mama masculina? ¿Están tan obsesionadas las mujeres con el pecho del hombre, como el hombre lo está con el de las mujeres? Antes de responder quisiera aclarar que a menudo se confunde la mama masculina, prácticamente inexistente, excepto en los casos de adipomastia (acúmulo de grasa) o ginecomastia (acúmulo de tejido mamario), con la musculatura pectoral subyacente, constituida por el músculo pectoral mayor y, en menor medida, los músculos pectoral menor y serrato anterior. Algunos estudios afirman que los pectorales ocupan un puesto principal en la mente masculina, pero no en la femenina, más inclinada por otros músculos de la mitad superior del cuerpo, como el bíceps o la musculatura abdominal, e incluso por los glúteos. Entonces, ¿por qué los hombres tienen tanta preocupación por conseguir unos pectorales prominentes? Los mismos trabajos apuntan hacia una probable peculiaridad evolutiva, como la voz grave o la barba, más dirigida a intimidar a la competencia masculina que a atraer al sexo opuesto.

mammae benignae laesiones

LAS LESIONES BENIGNAS

Las lesiones mamarias más frecuentes entre las mujeres jóvenes son los fibroadenomas y los quistes. Ambas son benignas y a menudo se detectan con la autopalpación.

Los fibroadenomas son los tumores benignos más frecuentes en la mama, sobre todo en mujeres menores de treinta años. El sustantivo «tumor» y el adjetivo «benigno» constituyen un aparente oxímoron (dos conceptos aparentemente contradictorios) para muchos de nosotros, pero nada más lejos de la realidad. Un tumor es un conjunto de células que crecen sin aparente control hasta formar un bulto o masa. Según cómo sean estas células y cómo se comporten darán lugar a un tumor benigno o a un tumor maligno, siendo únicamente este último un sinónimo de cáncer.

Los fibroadenomas son lesiones sólidas con la forma de un grano de uva o de un cacahuete y están compuestas por una cantidad exagerada de células acinares (las hojas de los árboles que producen la leche) y del estroma (el espacio que las rodea) que proliferan a causa de los dichosos estrógenos, según la teoría más plausible. Esta asociación justifica en parte que el tamaño de los fibroadenomas pueda fluctuar un poco según el momento del ciclo menstrual. Y no solo eso. Durante el embarazo, momento en el que hay un incremento de estrógenos, los fibroadenomas suelen aumentar de tamaño. Por el contrario, a partir de la menopausia, momento en el que los estrógenos disminuyen, estas lesiones involucionan y se hacen más pequeñas, pudiendo llegar incluso a calcificarse.

De todos modos, como en casi todo lo que concierne a nuestro organismo, no hay causas únicas y simples. Algunos datos confirman esta impresión: mujeres con valores elevados de estrógenos nunca acaban desarrollando estas lesiones y más de la mitad de los fibroadenomas presentan una misma mutación genética. Estas lesiones pueden ser únicas o múltiples y suelen medir entre uno y dos centímetros. Sin embargo, algunas variantes pueden alcanzar un tamaño considerable. Son los fibroadenomas juveniles (la mayoría, pero no todos se dan en menores de dieciocho años) y, más aún, los fibroadenomas gigantes (se han descrito casos de tamaños superiores a veinte centímetros).

El diagnóstico suele hacerse con una ecografía y solo en caso de duda será necesario realizar una biopsia. La actitud más habitual es el seguimiento clínico y, sobre todo, por imagen, durante al menos dos años. La mayoría de los fibroadenomas no van a requerir tratamiento alguno, salvo que crezcan demasiado. En estos casos se extirpan con una operación sencilla e incluso sin necesidad de entrar en quirófano, tal y como veremos en otro capítulo. Otra indicación para ser extirpados quirúrgicamente es que haya alguna duda sobre su origen. Los llamados tumores *phyllodes* (filodes) son unos tumores primos hermanos de los fibroadenomas, mucho más infrecuentes que estos y con un comportamiento más agresivo. Sin embargo, a veces es difícil diferenciarlos en la ecografía, pero también en el estudio microscópico de la muestra biopsiada. En estos casos, será mejor operarlos para estudiar la lesión entera y no tan solo algunos fragmentos.

Por último, mencionar como anecdótica la degeneración maligna de algunos de ellos. Es muy rara y su sospecha justifica, por supuesto, la biopsia.

Los quistes son muy frecuentes en mujeres entre los cuarenta y los cincuenta años. A diferencia de los fibroadenomas no son sólidos, sino que contienen líquido. Algunas mujeres (muy probablemente no se lo hayan inventado ellas) se refieren a los fibroadenomas como quistes o bultos de grasa. Nada más erróneo, ya que, como he mencionado anteriormente, ni son quistes ni contienen grasa.

Si nos centramos en los quistes, y siguiendo con el símil arbóreo, en determinadas circunstancias (si insinuamos que los estrógenos están implicados no nos equivocamos) el estroma de los lobulillos puede ser sustituido por lo que se conoce como fibrosis. Esta acumulación de material fibroso puede llevar al estrechamiento y obstrucción de los conductillos o ramitas, haciendo inviable —por decirlo de alguna manera— el desarrollo de los acinos. Pero que estos no puedan producir leche no impide que segreguen otros tipos de secreciones. Ante este panorama, y en parte también por influencia de los estrógenos, las secreciones irán dilatando el espacio virtual situado entre los acinos. Con el tiempo, esta dilatación progresiva acaba dando lugar a los quistes.

Estos pueden ser únicos, aunque lo más habitual es que sean múltiples y bilaterales. A veces se agrupan como los granos de un racimo de uva. Los quistes no tienen por qué ser malignos, pero pueden ser muy molestos. Al igual que los globos de cumpleaños, los hay de tamaño más pequeño o más grande. Pero tal y como dice el dicho: «El tamaño no importa». O tal vez sí, pero el factor clave será lo lleno que esté el quiste. De manera que un quiste o globo pequeño con mucho líquido produce más tensión y, por tanto, más molestias que un quiste grande con poco contenido. Justo antes de la ovulación y en la semana previa a la menstruación, coincidiendo con los picos de estrógenos, los quistes se llenan más y la mastalgia es mayor.

Los quistes nunca se operan y tan solo se pinchan para evacuarlos cuando son muy grandes o sintomáticos. El material obtenido puede ser fluido, como el agua, o espeso, como una crema; de color amarillo transparente, como un caldo aguado, o bien oscuro, como un refresco de cola. Pero algunas veces los quistes se complican y parte de su contenido sale fuera de ese globo. Esto genera una respuesta inflamatoria que puede dar lugar a una zona de palpación nodular diferenciada y dolorosa que, pese a lo aparatosa que pueda parecer, se suele resolver por sí sola o con la ayuda de algún fármaco antiinflamatorio.

Con gran frecuencia, los bultos que se palpan en la mama suelen corresponder a lesiones cutáneas que no tienen nada que ver con esta región anatómica, salvo por su localización. Podrían encontrarse en cualquier otro rincón de la piel. Son superficiales, más bien planos, de consistencia blanda y, a menudo, presentan un punto más oscuro en el centro. Son los llamados quistes epidérmicos de inclusión y los quistes sebáceos. Al exprimir los primeros se obtiene un material blanquinoso, pastoso y maloliente llamado queratina. Hay que evitar su manipulación porque se pueden sobreinfectar con facilidad. Cuando adquieren un tamaño considerable, suelen extirparse quirúrgicamente.

A estas alturas creo que he dejado bien clara mi afición por las figuras literarias. Si tal y como comenté en el capítulo anterior los símiles alimenticios son muy útiles para hacerse una idea de cómo son las lesiones mamarias, también pueden serlo para describir los pechos. Tanto es así que a menudo se deja de lado la conjunción *como* y se establecen auténticas metáforas o, lo que viene a ser lo mismo, se intercambian términos que comparten alguna similitud. Con frecuencia, de un modo burlón o despectivo. Por ejemplo, si se habla de melones o de domingas (una variedad de uva con el grano de tamaño considerable), se está haciendo referencia a mamas grandes.

Pero no siempre ha sido ni es así. Los pintores simbolistas de finales del siglo XIX y principios del XX optaron por abandonar la visión realista o naturalista imperante hasta entonces y sustituirla

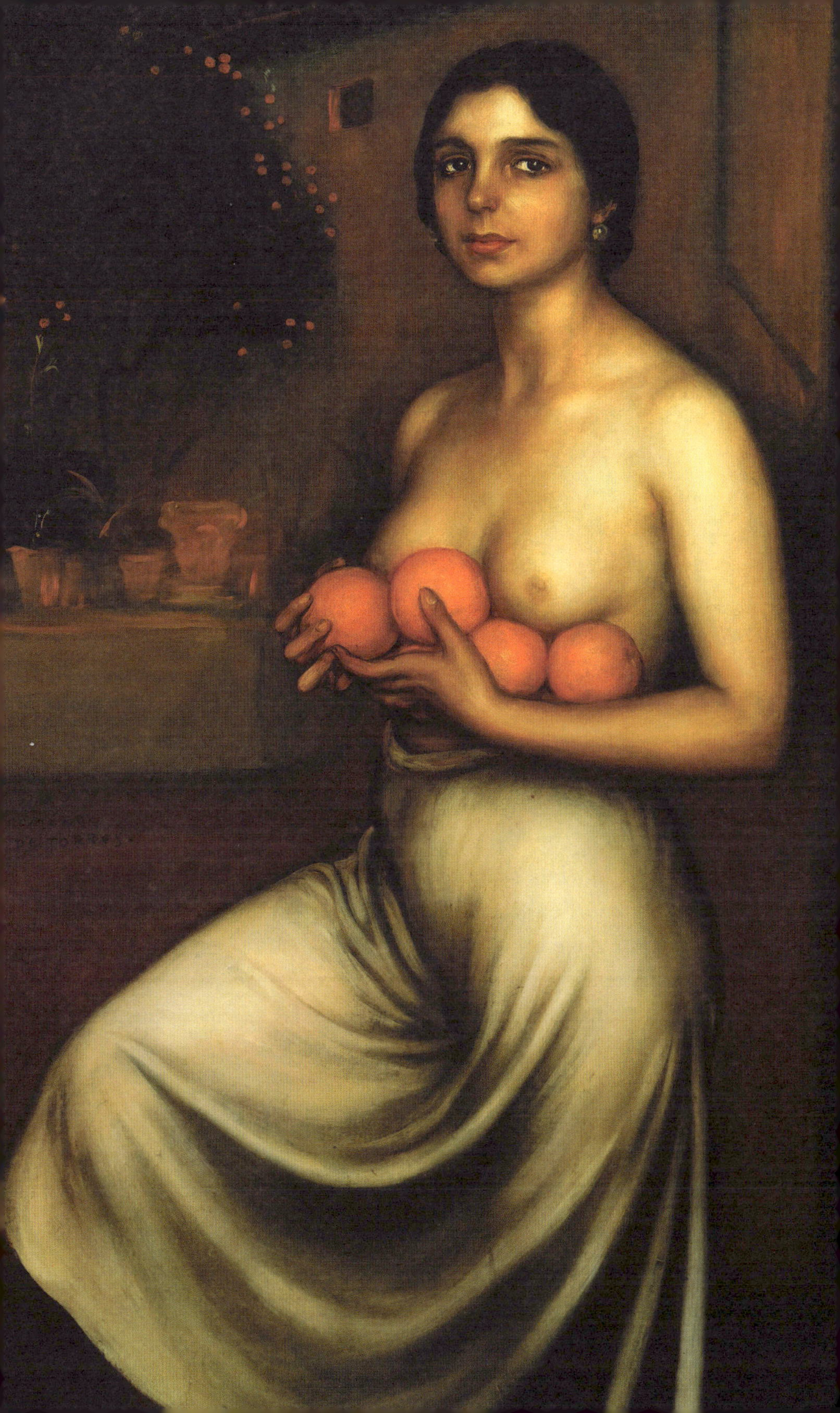

por una visión más subjetiva y metafórica. Uno de estos pintores, el cordobés Julio Romero de Torres (1874-1930), con sus *Naranjas y limones* representó a una joven posando con el torso desnudo mientras se valía de manos y brazos para apoyar sobre ellos unas cuantas naranjas. Si uno no llega a leer el título del cuadro no es consciente de la metáfora de los dos limones. Otro pintor, el francés Cézanne (1839-1906), tenía una auténtica predilección por las manzanas, que pintó en numerosas ocasiones y que algunos han vinculado a pechos femeninos.

Mucho más explícito es el nombre de un producto genuino de Galicia. En esta tierra rebosante de verdes prados pacen las vacas de raza Frisona, Pardo Alpina y Rubia Gallega, con cuya leche se elabora el famoso queso de Tetilla. La forma cónica característica de este queso de textura pastosa le da su peculiar nombre.

Se cuenta que todo empezó como una muestra de protesta por parte de algunas mujeres de la zona ante la actitud de las autoridades eclesiásticas. Me explico, en el llamado Pórtico de la Gloria de la catedral de Santiago, un tal maestro Mateo (*c.* 1150-*c.* 1217) esculpió en el siglo XII a la reina de Saba (siglo X a. C.) —o a Esther (siglo VI a. C.), según las distintas versiones de los entendidos— con un vestido bien ajustado y unos pechos voluptuosos que, pese a provocar la sonrisa picarona de Danieliño, el protagonista de una talla situada justo en frente de ella, parece ser que no gustaron del todo, o tal vez demasiado, al clero, que ordenó rebajar su talla.

A diferencia de la gran variabilidad de tamaños de las mamas, el de la Tetilla debe cumplir unas exigencias impuestas por la denominación de origen: debe pesar entre medio kilo y un kilo y medio, y la altura, al igual que el diámetro de la base, debe estar comprendida entre los nueve y los quince centímetros. El Tetilla no es el único queso gallego con forma de pecho. Más oscuro debido al ahumado con madera de abedul, el aspecto del queso San Simón da Costa presenta otra diferencia básica con respecto al Tetilla: la presencia de una prominencia en el vértice con un parecido asombroso a un pezón.

Pero los quesos gallegos no son los únicos con este aspecto característico. El francés Sein de Nounou («pecho de nodriza»), producido con leche de cabra fresca y que presenta una característica costra gris de ceniza, así como el austríaco Schafbusen («teta de oveja»), producido con leche de este animal, de color blanco y con un grano de pimienta de cubeba como pezón, son algunos ejemplos.

mammae obscura pars

EL PEZÓN Y LA AREOLA

El pezón está constituido por numerosas terminaciones nerviosas que hacen de él una zona erógena. De hecho, hay quien llega a conseguir el orgasmo con su estimulación. Es lo que se denomina *nipplegasm* (la combinación de *nipple*, «pezón», y *orgasm*, «orgasmo»). Y también hay quien logra potenciar esta capacidad erógena con la colocación de un *piercing* en la zona. Estas prácticas, que parecen tan actuales, llevan realizándose, aunque no siempre con el mismo propósito, por mujeres y hombres de todos los tiempos y culturas. Más reciente es el uso, por parte de vedetes, de los *pasties:* una forma relativamente fácil de cubrir el pezón y la areola (ese círculo rosado o marrón, más oscuro que la piel de la mama y en cuyo centro protruye el pezón) mediante adhesivos decorados. Con el tiempo, los *pasties* han ido derivando en sofisticados artilugios con bisutería e incluso borlas colgando de ellos. En su origen, y todavía hoy, en determinados lugares se trataba de proteger a las artistas de condenas por indecencia al exhibir sus pechos durante el espectáculo. Aún en la actualidad es frecuente observarlos en carnavales y *parades*.

Pero más allá de su papel en la vida sexual y en la lactancia, el pezón puede ser también una fuente de problemas.

Los cambios de coloración del pezón, en gran medida por influencia hormonal (por ejemplo, durante el embarazo se oscurecen), deben ser siempre simétricos, a no ser que haya habido una cirugía u otro tratamiento previo sobre una de las mamas.

Los cambios de forma también suelen tener como origen un factor hormonal, pero no siempre es así. Con la edad es frecuente que se invaginen, es decir, que se metan hacia dentro. Si se consiguen revertir fácilmente con la mano y no hay ninguna palpación anómala asociada, puede considerarse un hecho normal, generalmente debido a la tracción que realizan los conductos galactóforos. Si, por el contrario, es muy difícil revertir el pezón (se denomina pezón retraído) y existe una palpación anómala asociada, se hace necesaria la valoración médica para descartar la presencia de una lesión subyacente.

En el pezón pueden aparecer molestos eccemas y grietas por el roce continuo de la camiseta deportiva. Tanto es así que hasta puede sangrar. Este fenómeno se da con mucha más frecuencia en hombres que en mujeres, ya que, a diferencia de estas, no suelen protegerse el pecho durante la práctica deportiva. El sujetador, pues, presenta un efecto protector. Es especialmente común en corredores que utilizan camisetas de algodón, más duras que las de tejido sintético y que absorben el sudor con mayor dificultad.

La sensación de picor o quemazón sin otros síntomas asociados es muy frecuente, sobre todo, cuando el ambiente es frío y seco. A veces, la sequedad no depende tanto del ambiente como de las hormonas. La caída de los estrógenos durante la menopausia puede ser motivo de sequedad en la piel. En la mayoría de las ocasiones no es necesario visitar al médico y basta con medidas básicas como la ingesta de líquidos y el uso de cremas hidratantes. Sin embargo, cabe prestar especial atención, principalmente en el caso de las mujeres, ante cualquier sensación de picor o quemazón en el pezón asociada a una roncha roja descamativa y con apariencia inflamada que, pese a ir cambiando de aspecto, no llega a curarse con el tiempo. Podría tratarse de una afectación dermatológica, tipo eccema o incluso psoriasis, pero habría que descartar una afectación conocida por el nombre de quien la describió por primera vez. La enfermedad de Paget es una de las manifestaciones, aunque muy rara, del cáncer de mama.

Algunas veces los problemas no surgen del pezón, sino de la areola. Al mirar con detalle esta zona podemos identificar unos bultitos llamados tubérculos de Montgomery o de Morgagni, debajo de los cuales existen unas glándulas secretoras de una sustancia que lubrica y protege el pezón durante la lactancia. Como el resto de las glándulas exocrinas, se comunican con el exterior mediante un conducto (el pezón, en este caso). Estos conductillos milimétricos pueden obstruirse, con lo que las secreciones se van acumulando en su interior, y ello conlleva un aumento de tamaño de estos tubérculos, que pueden llegar a palparse. En una gran mayoría de casos este cuadro se resuelve solo, sin más.

Pero, sin duda, el signo clínico más llamativo de toda esta zona, a la que se suele denominar complejo areola-pezón, y que suele ser un motivo frecuente de consulta, es la salida de líquido por el pezón sin relación alguna con los períodos del embarazo o de la lactancia.

Cuando uno visita el interior de la catedral de Catania, en el este de Sicilia, se encuentra con al menos dos gratas sorpresas. Por un lado, el monumento funerario dedicado a Vincenzo Bellini (1801-1835). Los restos del compositor de óperas tan famosas como *Norma*, *El pirata* o *La sonámbula* descansan en una tumba de mármol de Carrara, en cuyo exterior están inscritos el texto y la partitura de un fragmento de una de las arias cantadas por Amina, la protagonista de esta última ópera. *«Ah! non credea mirarti / Si presto estinto, o fiore»* («¡Ay! No creí que te desvanecieras tan pronto, oh flor»). Por otro lado, la capilla de Santa Ágata (*c.* 231-*c.* 251), en la que destaca el lujoso busto de la patrona de Catania y de toda la isla, realizado en plata con numerosas piedras preciosas y otras joyas engarzadas, así como también el cofre donde se guardan algunas de sus veneradas reliquias. Y, entre ellas, uno de sus pechos.

La santa siciliana, cuya festividad se celebra el 5 de febrero, es la patrona de las comadronas, de las mujeres lactantes, de aquellas con cáncer de mama y, en general, de todas las mujeres, según la tradición cristiana. Por eso son muchos los lugares del mundo que festejan ese día con actos diversos cuyas protagonistas son siempre las mujeres. También es protectora de las dolencias de la mama y, en su honor, son típicos los pasteles con formas de pecho que se consumen ese día. Los *minnuzze*, en siciliano, o *cassatelle*, en italiano, con una guinda como pezón, tal vez sean los más conocidos, dada la importancia de la santa en la isla italiana, pero, en realidad, son muchísimas las variantes de estos u otros dulces semejantes que se pueden degustar en diferentes partes del mundo.

Pero ¿por qué tanta obsesión con los pechos de esta santa? Parece que todo se remonta al siglo III. Por entonces Decio (201-251) era el emperador romano. Preocupado por la pérdida de valores de la antigua Roma y que, según él, era responsable de la mayoría de los problemas que acechaban al imperio en decadencia, promulgó un edicto que obligaba a reestablecer la tradición del culto a los dioses romanos. Sin embargo, se topó con la negativa de los numerosos grupos de cristianos que habían ido surgiendo hasta el momento. Entre ellos, se encontraba una siciliana de quince años llamada Águeda o Ágata, a la que soldados romanos llevaron ante el procónsul de la isla. El hombre se sintió de inmediato atraído por la muchacha y por ello le propuso un trato: le dejaría practicar libremente su religión si accedía a mantener relaciones sexuales con él. Pero Águeda se negó en redondo y le manifestó su voluntad de mantenerse virgen para consagrarse solo a Jesucristo. El hombre, atónito ante su respuesta, decidió encerrarla en un prostíbulo. Pero, sin saber cómo, la chica logró mantener intacta su virginidad y eso enfureció todavía más al procónsul. Tras someterla a varios castigos, sus pechos quedaron al descubierto y fue entonces cuando al malvado se le ocurrió una perversa tortura: arrancárselos.

Son muchas las representaciones pictóricas a lo largo de la historia que se han recreado en este macabro aspecto. Una de ellas es la del italiano Sebastiano del Piombo (1485-1547), en el que se ve a los torturadores intentando arrancar los pezones de la joven con unas tenazas. Parece ser, según cuentan los escritos, que en realidad utilizaron un desgarrador de senos. Con este nombre tan explícito se conocía a un instrumento de hierro acabado en cuatro puntas afiladas que se calentaban al rojo vivo para arrancar los pechos. También se dice que la pobre mujer ni se inmutó, salvo para dirigir un agudo reproche al romano. Y, además, la santa protagonizó otra anécdota igual de creíble, cuando agonizaba en la prisión y san Pedro (finales del siglo I a. C.-*c.* 65 d. C.) se le apareció para curarle las heridas. El procónsul, todavía más furioso, decidió acabar finalmente con su vida quemándola desnuda en un lecho de carbón ardiendo. Entre las diferentes versiones me quedo con la de que mientras se quemaba soltó un grito de alegría con el que quiso demostrar su amor a Dios. En ese momento, la tierra empezó a temblar y todos los allí presentes huyeron despavoridos. La mártir y santa acabó muriendo en la prisión.

Para rematar la historia, justo un año después, la erupción del volcán Etna generó tal magnitud de lava ardiendo que arrasó todo cuanto se encontraba en el camino. Sin embargo, el manto de destrucción se detuvo tan solo unos metros antes de entrar en Catania, que se vio de este modo respetada. Los habitantes de la ciudad, fervorosos, atribuyeron su salvación a Santa Águeda y, desde entonces, empezaron a venerarla, al igual que en el conjunto de la isla y en tantos otros lugares del planeta.

Menuda historia, ¿no es cierto? Pero entre tanta crueldad me quedo con las palabras ejemplarizantes con las que parece ser que la joven reprochó al procónsul romano: «Cruel tirano, ¿no te da vergüenza torturar en una mujer el mismo seno con el que de niño te alimentaste?».

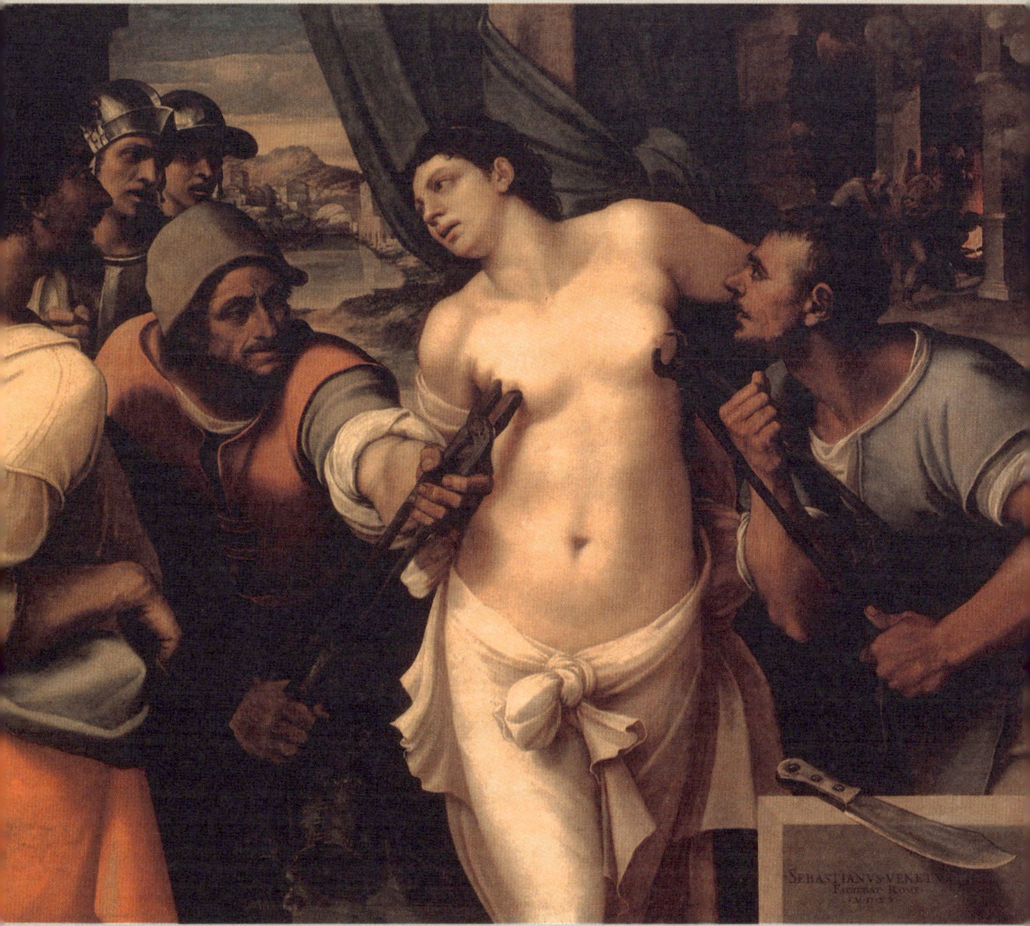

mamma fluens

LAS SECRECIONES

Una de las anomalías mamarias más llamativas y aparatosas es la secreción de líquido por el pezón. Este fenómeno se conoce como telorrea. Desde leche en ausencia de embarazo hasta sangre, son diversas las posibilidades con las que nos podemos encontrar. Si a esto se añade el número de orificios implicados —recuerda que en cada pezón desembocan entre diez y veinte conductos galactóforos— y la afectación de uno o ambos lados, el número de combinaciones posibles es considerable.

La secreción de leche por el pezón es un hecho maravilloso para cualquier animal mamífero. Sin embargo, cuando esta tiene lugar fuera del contexto de la lactancia, pasa a ser preocupante. La galactorrea (el término médico para este fenómeno) suele deberse a unos niveles elevados de prolactina, otra de las hormonas que se producen en la hipófisis anterior y que es responsable de la producción de leche. Puede darse tanto en mujeres como en hombres. La secreción puntual de leche no debe preocupar, pero sí cuando se da de forma continuada. Fenómenos tan banales como la hiperestimulación de los pezones (en relación o no con la actividad sexual), el estrés o incluso el consumo excesivo de hinojo o matalahúva pueden ser responsables de la galactorrea. Pero también los derivados del opio, como la heroína, la codeína o la morfina, los anticonceptivos orales y algunos fármacos antidepresivos, antipsicóticos y antihipertensivos. El hipotiroidismo, la enfermedad renal crónica y otros trastornos pueden estar también detrás de la galactorrea. Cuando ninguno de ellos parece ser el responsable es necesario realizar un análisis de sangre y una resonancia magnética cerebral para descartar un tumor en la hipófisis. El prolactinoma es un tumor benigno, pero si alcanza un tamaño considerable, puede producir alteraciones en la visión, dolores de cabeza o incluso infertilidad. Se trata con medicación o cirugía, en función de cada caso.

A menudo, la secreción no es blanca como la leche, sino transparente, serosa (de color amarillo transparente), gris, verde, roja, marrón o negra. Un truco que solemos utilizar los médicos para diferenciar bien el color es limpiar la secreción con una gasa blanca. El color, el número de orificios implicados y la cantidad de la secreción es lo que nos va a dar una idea de la importancia de la telorrea. Cuando son varios los tonos de color (excepto el rojo o el marrón) y también los orificios implicados, en principio no debemos preocuparnos. Un ejemplo típico pueden ser las secreciones que algunas veces se producen tras la compresión de la mama al realizar una mamografía. La mayoría de las veces son debidas a procesos inflamatorios de los conductos o conductillos galactóforos, sin más importancia. Cuando alguna de ellas presenta un color rojizo (telorragia) o bien cuando la secreción, sin importar el color, es única (un solo orificio de un único pezón) es cuando se hace necesario acudir a una consulta médica.

Entre los motivos posibles, que son varios, existen dos entidades que debemos considerar. Una es benigna y se conoce como papiloma, aunque no tiene nada que ver con el virus del papiloma humano que produce verrugas genitales. Es un tumor que se localiza en el interior de los conductos o conductillos galactóforos y es esa posibilidad de comunicación con el exterior la causante de la secreción por el pezón. Pese a ser una entidad benigna, a veces llega a desarrollar células malignas en su interior, por lo que se suelen extirpar, sobre todo si son sintomáticos. La otra entidad que puede estar detrás de una telorrea o de una telorragia es el cáncer de mama y, por eso, hay que tomársela en serio.

El abordaje de la telorrea uniorificial o de la telorragia no está del todo claro. Son muchas las opciones posibles, lo que nos indica que ninguna de ellas es perfecta. Se puede analizar la secreción mediante una citología, pero la información aportada por las células que esta contenga no siempre es de fiar. Existen distintos métodos de imagen para identificar el conducto. Uno de ellos es la galactografía, que consiste en inyectar contraste yodado a través de una fina cánula por el pezón. En el caso de la ductoscopia, lo que se introduce por el pezón es una fina cámara. Al igual que las endoscopias digestivas, esta técnica también permite obtener muestras de los posibles hallazgos. Bastante menos agresiva es la ecografía, con la que además se puede dirigir la biopsia de las lesiones detectadas. Por último, para descartar la presencia de malignidad, también es útil la resonancia magnética de la mama. En los capítulos siguientes describiré con más detalle estas técnicas.

Cuando estos síntomas aparecen en recién nacidos o durante la infancia, pese a su aparatosidad son debidos a procesos inflamatorios benignos y no hay que pensar ni en papilomas ni en cáncer.

Tete es el niño protagonista de *La teta y la luna*, de Bigas Luna (1946-2013), que algún crítico ha descrito como la primera película no pornográfica en incluir el término «teta» en su título. La obsesión del niño por tener una teta para él solo le lleva a odiar a su hermanito recién nacido, que recaba toda la atención de su madre mientras le da el pecho, y a buscar entretanto una mujer que lo pueda amamantar. Finalmente, lo consigue de la mano o, mejor dicho, del pecho de la bailarina Estrellita. En un plano magistral de la película aparece el pecho de la mujer, desde el que brota un chorro larguísimo de leche que acaba en la boca de un Tete colmado de satisfacción. El mundo onírico de Bigas Luna contrasta con un realismo al que le cuesta justificar la abundancia de leche en unos pechos como

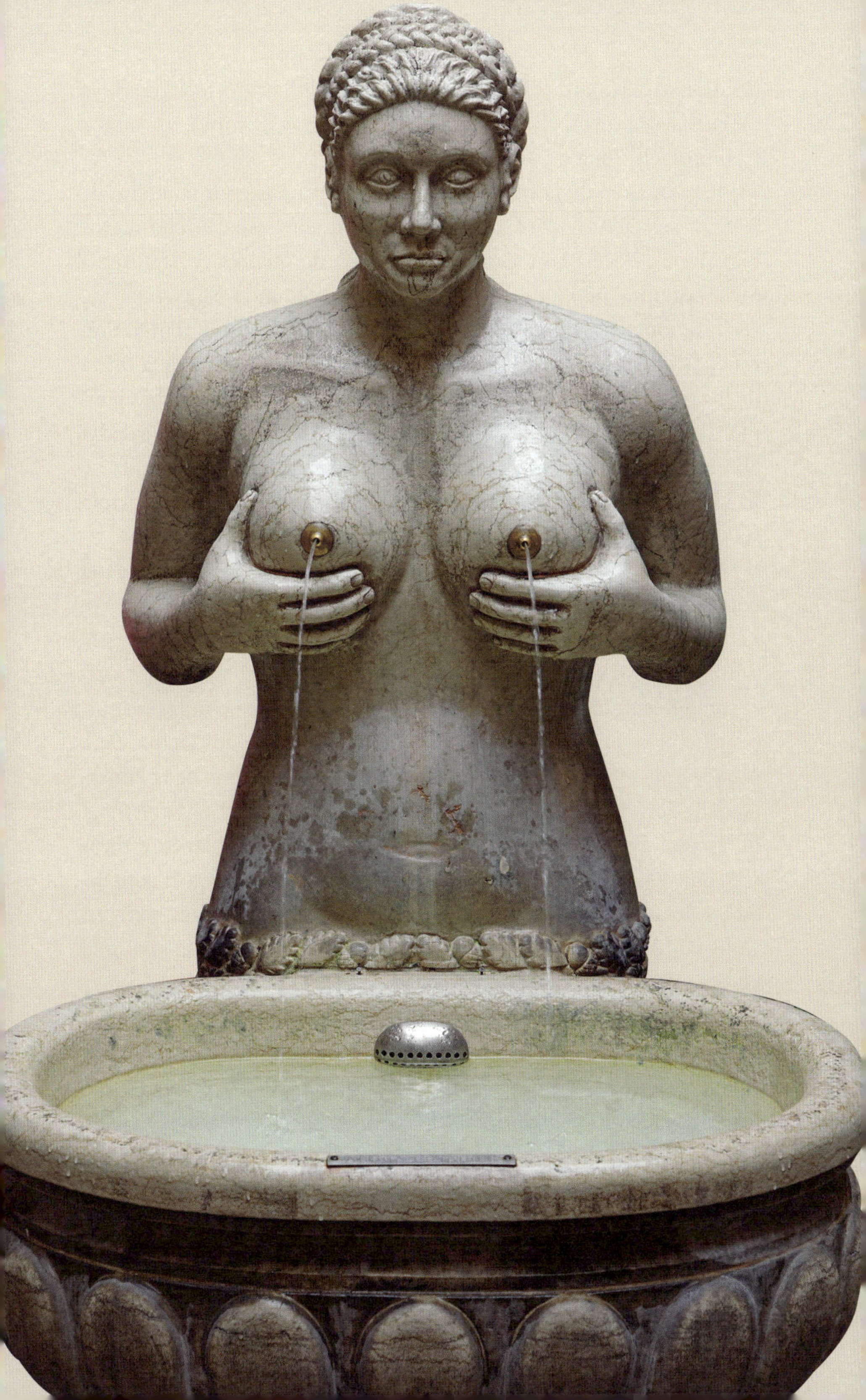

los de Estrellita, sin referencia alguna a un embarazo reciente de la bailarina. A no ser, claro está, que tuviera, por ejemplo, un tumor tipo prolactinoma en la cabeza.

Esta imagen de la mama como surtidor ya pasó por la mente de alguien seiscientos años antes de que lo hiciera por la del director barcelonés. Pese a conocerse la existencia de fuentes en la antigua Mesopotamia, no es hasta el Renacimiento cuando estas dejan de ser funcionales para convertirse en un elemento ornamental. Son muchas las fuentes construidas en todo el mundo cuya agua brota de los pechos de siluetas femeninas como diosas o sirenas, por ejemplo. Todos estos chorros de agua simulan la leche con la que se ha alimentado la humanidad a lo largo de la historia. Pero como ya se ha visto en el capítulo anterior, no siempre es leche lo que la mama secreta ni tampoco es siempre agua lo que brota de las fuentes.

La Fontana delle Tette es uno de estos ejemplos. Fue mandada construir en 1559 por el *podestà* (la autoridad) de la República de Venecia en el interior de un palacete de la ciudad de Treviso, afectada por entonces por una terrible sequía. Consistía en una mujer con el torso desnudo y de cuyos pechos, que se sujetaba con las manos, brotaba el agua. Desde entonces y durante más de dos siglos, cada otoño, coincidiendo con la elección de un nuevo *podestà*, de la Fontana delle Tette brotaba vino durante tres días seguidos. Los habitantes de Treviso podían beber gratuitamente todo el vino blanco o tinto —según fuera un pecho u otro— que se les antojara. En la actualidad, solo se conserva parte de ella, con las *tette* amputadas, pero en 1989 se construyó una réplica de la original que puede visitarse en otro de los palacetes de la ciudad italiana.

Con el tiempo han ido surgiendo algunas fuentes en diferentes puntos del mundo de las que no brota agua, sino otros líquidos más sugerentes, como vino o cerveza. Ortona, en Italia, o Žalec, en Eslovenia, son solo algunos ejemplos. Tal y como se te debe de haber pasado por la cabeza, todas ellas están estéticamente muy lejos de las fuentes ornamentales renacentistas. De hecho, pese a llamarse fuentes, se asemejan más a surtidores de bebida al aire libre.

mamma plena

EL EMBARAZO

El desbarajuste hormonal propio del embarazo va a tener numerosas consecuencias en la mama, tanto por fuera como por dentro. El cambio externo más notorio es el incremento de tamaño, que suele tener lugar durante el segundo mes de gestación. El estiramiento de la piel se asocia con la aparición de estrías. Pero no solo crece la mama, sino también el pezón, la areola y los tubérculos de Montgomery, que, además, se oscurecen. Los responsables de este cambio de color y de las posibles manchas que pueden aparecer en la piel del rostro son, en gran parte, los estrógenos.

Pero si durante el embarazo existe un incremento de estrógenos en la sangre, algo parecido tiene lugar con la progesterona, que actúa sobre todo preparando el útero para la acogida del embrión o feto. Y entonces, en ausencia de un ciclo menstrual, ¿quién ordena la producción de estas dos hormonas durante el embarazo? La respuesta no parece difícil: la hormona del embarazo —sí, la misma hormona encargada de anunciar el ansiado o temido positivo de los tests—, más conocida técnicamente como subunidad beta de la gonadotropina coriónica humana o, tal vez mejor, ß-hCG. Sus niveles se incrementan de forma progresiva hasta el tercer mes de gestación, momento en el que decaen de forma brusca. A partir de entonces, es la placenta la que se encarga de producir estrógenos y progesterona.

Por primera vez en todo el libro voy a restar protagonismo a ambas hormonas para dárselo a otras dos, que serán clave a lo largo de la lactancia: la prolactina y la oxitocina. Las dos se producen en zonas distintas de la hipófisis. La prolactina, cuyos niveles en sangre empiezan a aumentar ya durante el embarazo, es la responsable de estimular el desarrollo de la mama para que los alveolos o acinos puedan producir leche. Sin embargo, no acaba de salirse con la suya todavía, porque los estrógenos y la progesterona van a imposibilitar la producción de leche durante el embarazo. Más adelante, tras el parto, con la retirada de la placenta y la caída en picado de estos, la prolactina ya puede producir leche. Además, se encarga de captar nutrientes de la madre para así enriquecerla. La conocida como «subida de la leche» tiene lugar de uno a tres días después del parto y suele coincidir con un incremento notable del tamaño mamario que nada tiene que ver —a diferencia de lo que se suele creer— con la tensión provocada por la leche almacenada, que en realidad es muy poca. Las mamas crecen debido a los importantes cambios inflamatorios que tienen lugar y que se suelen aliviar con la aplicación de compresas frías y calientes, hojas de col o incluso masaje.

A partir de entonces, el trabajo del bebé es fundamental. La succión del pezón y otros aspectos menos visibles, inherentes a nuestra condición animal, que implican, entre otros, a los sentidos del olfato y del tacto, estimulan la producción de prolactina y, por tanto, de leche. Este fenómeno se da con más intensidad durante la noche, siendo la toma nocturna de gran importancia. Tanto para el bebé, que se asegura buenas reservas de leche, como para la madre, que gracias a esta hormona dormirá más tranquila.

Pero todos estos fenómenos no solo estimulan la producción de prolactina, sino también la de oxitocina. Esta hormona es la encargada de movilizar la leche desde los acinos (la parte más profunda de la mama) hasta los senos galactóforos (una especie de dilatación al final de los conductos) y el pezón. En definitiva, le pone las cosas más fáciles al bebé. Y en cierta manera también a la madre, aunque a expensas de algunas molestias —sobre todo los primeros días— por las contracciones uterinas provocadas por la misma oxitocina, con la intención de evitar posibles hemorragias posparto. La oxitocina también es responsable de una curiosa sensación de bienestar en el bebé y la madre. De hecho, hay quien la considera la hormona del amor y de la felicidad.

Con el tiempo, la disminución progresiva de la actividad succionadora del bebé conlleva la inhibición de la lactancia. Todo es un círculo que se retroalimenta. Si la madre experimenta dolor —la succión del pezón puede resultar molesta—, estrés, o bien si toma ciertas drogas, la producción de oxitocina puede caer en picado con iguales consecuencias.

Además de los beneficios afectivos incuestionables de la lactancia materna, uno no puede evitar preguntarse qué es lo que la diferencia de la artificial o la de vaca. Pero antes de responder quisiera aclarar un aspecto que no he mencionado en el capítulo anterior para no complicarlo.

Existen tres tipos de leche materna según las distintas proporciones de los principales componentes nutricionales, que se irán adaptando a las necesidades del desarrollo del bebé. La primera de ellas es el calostro. Si la subida de la leche tiene lugar, por lo general, en un par o tres días después del parto, ¿cómo se alimenta el bebé hasta entonces? Mediante tomas pequeñas pero frecuentes de un líquido amarillo y espeso compuesto por agua, lactosa (un tipo de azúcar), grasa y una gran proporción de proteínas, minerales, vitaminas (la A es la que le confiere el color característico), glóbulos blancos y anticuerpos. Una vez ha subido la leche, aparece la que se conoce como leche de transición y, transcurridas dos semanas del parto, por fin surge la leche madura.

Con respecto al calostro, esta leche más evolucionada presenta una menor proporción de proteínas y defensas, pero más lactosa y grasas, que proporcionan la energía necesaria al recién nacido. La concentración aproximada de grasa es de tres a cuatro miligramos por cada cien mililitros de leche madura. Sin embargo, existe una gran variabilidad no solo según los días que han pasado tras el parto, sino también dentro de una misma toma. Así, al inicio de esta, la leche contiene menos grasa y por eso presenta un color discretamente azulado, mientras que al final de la toma la leche será más cremosa y tendrá un color típicamente blanco, al contener más grasa.

En el caso de los bebés prematuros, la leche materna suele presentar menos lactosa, calcio y fósforo, por lo que algunas veces es necesario suplementarla. Y hablando de suplementos, ¿en qué se diferencia la leche materna de la artificial? La diferencia es más cualitativa que cuantitativa. La artificial suele ser leche de vaca o de soja modificada para que los nutrientes estén presentes en proporciones similares, salvo las defensas maternas, obviamente ausentes. Sin embargo, al igual que el sabor del tomate que nos ofrece un vecino de su huerto no tiene nada que ver con el del cultivado en un invernadero y que encontramos en el lineal del supermercado dentro de un envase de plástico, la calidad de ambas leches no es la misma: las proteínas de la leche humana son más digestivas y presentan menos posibilidad de intolerancia. Y también las grasas, que gracias a la presencia de una enzima llamada lipasa (ausente en la leche no humana) se digieren de un modo más completo.

Y ¿qué sucede con la leche de los demás mamíferos? Pues las proporciones de nutrientes son todavía más variables en función de las necesidades de cada especie. Así, por ejemplo, la leche de la foca, como la de la mayoría de los grandes mamíferos marinos, presenta casi veinte veces más grasa que la leche humana. Esta alta concentración es la que permite a las criaturas un aporte energético suficiente para resistir el ambiente frío y a las madres les facilita la retención de agua durante la lactancia —apenas van a beber y comer durante este tiempo—. La cremosidad de la leche también es importante para no diluirse con facilidad en el agua. Cetáceos como el delfín secretan chorros de espesa leche por unos pezones invertidos escondidos tras un par de ranuras y que se descubren cuando la cría les da un golpecito con el hocico. Es entonces cuando la lengua de la cría adopta una forma de letra u mayúscula, que le permite rodear el pezón durante la eyección del preciado líquido y evitar así su desperdicio.

Todo lo contrario sucede con la leche del rinoceronte, que presenta casi veinte veces menos grasa que la humana, convirtiéndose así en una de las leches más desnatadas del reino animal.

Del mismo modo que el famoso cosmólogo estadounidense Carl Sagan (1934-1996) llegó a afirmar que todos y cada uno de nosotros estamos constituidos por materia interestelar (polvo de estrellas, en definitiva), podemos considerar la leche como un elemento también omnipresente. Y es que, con tan solo un poco de imaginación, es posible hallar el preciado líquido tanto en el firmamento como en el interior de nuestro planeta.

Seguro que recuerdas alguna de esas noches en plena naturaleza, sin luna ni nubes, con un cielo repleto de estrellas. Hay tantas que parece que las puedas coger con las manos. Pero, si te fijas bien, ves una nube blanquinosa que, por mucho que sople el viento, no se aparta de nuestra vista. En realidad, no es ningún fenómeno meteorológico, sino un fenómeno más bien astronómico conocido como Vía Láctea. Es nuestra galaxia, constituida por unos centenares de miles de millones de estrellas, la que estás observando desde el interior de la misma. Esa franja blanquinosa contiene tal densidad de estrellas que uno no puede discernirlas a simple vista. Los griegos la llamaron *galaxias kiklos* o «círculo de leche» (en algunos capítulos del libro aparecerán más términos derivados del griego *gala* o *galaktos*, es decir, «leche»), pero fueron los romanos quienes la bautizaron tal y como se conoce en la actualidad: *Via Lactea* o «camino de leche».

Según la mitología griega, parece ser que el poderoso Zeus —con una merecida fama de mujeriego— tuvo una aventura con la mortal Alcmena y, fruto de esta, nació Heracles. La pobre criatura —tan solo era un semidiós— fue rechazada de inmediato por la esposa de Zeus, la diosa Hera. Pero, aprovechando una ocasión en la que estaba dormida, Zeus colocó al hambriento Heracles frente al pecho de la diosa. Cuando Hera despertó y se dio cuenta de que estaba amamantando al pequeño bastardo, lo apartó de inmediato de su pecho y, con la brusquedad de aquel movimiento, cayó un chorro de leche en el cielo, origen del impresionante espectáculo con el que nos obsequia la noche.

Al igual que el famoso astrofísico estadounidense mencionaba el polvo de estrellas, quisiera finalizar este capítulo refiriéndome a una leche en polvo muy especial que puede adquirirse en uno de los enclaves más visitados de Belén: la gruta de la Virgen de la Leche. Según la tradición, que guarda ciertos paralelismos con la explicación mitológica del origen de nuestra galaxia, José (*c.* siglo I a. C.-*c.* siglo I d. C.), María y el pequeño Jesús se refugiaron en ella después de que Herodes (*c.* 74 -*c.* 4 a. C.) mandara asesinar a todos los recién nacidos varones. Entonces sucedió que, mientras María estaba dando el pecho a Jesús, un chorro de leche brotó de su pecho y cayó sobre una grieta del suelo de la cueva. Como consecuencia del contacto con la leche, el suelo cambió de color y se volvió de un blanco puro.

Con el tiempo, la gruta fue convirtiéndose en un lugar de veneración al que acudían mujeres y parejas con problemas de fertilidad. Allí pedían a la Virgen, cada una a su manera, el ansiado embarazo. Y lo mejor de todo es que la tradición también exigía rascar la piedra caliza de la pared y tomarse el polvo resultante mezclado con la bebida o la comida. Hoy en día sigue siendo así, aunque no es necesario desgastarse las uñas, ya que la cal te la venden en pequeñas bolsitas, como si se tratara de leche en polvo a modo de *souvenir*. Parece ser que son muchísimos los embarazos exitosos, a tenor de las cartas y objetos de agradecimiento recibidos cada día. Tal vez sería una buena

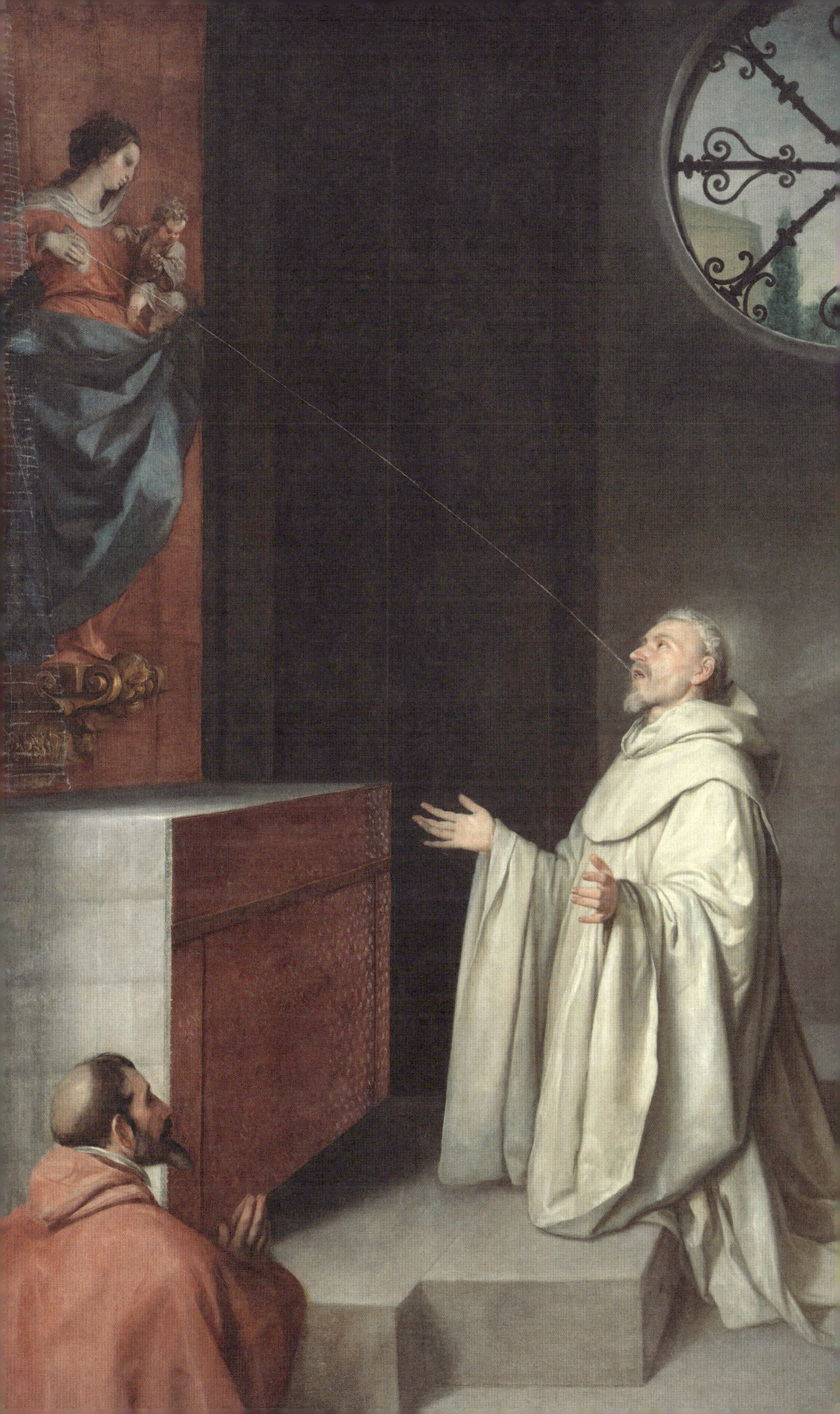

idea —ignoro si se habrá publicado algo al respecto— estudiar la incidencia de cálculos renales asociada a la ingesta de esta *milagrosa* leche en polvo.

Son diversos los chorros de leche famosos que han brotado del pecho de María, pero quisiera centrarme en uno de ellos, plasmado en un lienzo de Alonso Cano (1601-1667) llamado *San Bernardo y la Virgen*. El pintor granadino retrató a un san Bernardo (1090-1153) arrodillado y con los brazos abiertos ante una escultura de la Virgen con el Niño. La fantástica simplicidad del cuadro contrasta con la carga simbólica y no sé hasta qué punto erótica del gesto de María, que, con su mano derecha libre, se aprieta el pecho para lanzar en línea casi recta un chorro de leche que cae directamente en la boca del santo francés.

mamma infecta

LAS INFECCIONES

La Organización Mundial de la Salud (OMS) recomienda la lactancia materna exclusiva durante los seis primeros meses de vida y luego complementarla con los demás alimentos hasta los dos años. Durante este periodo variable, según la elección —más o menos libre en función de las circunstancias personales— de cada madre, pueden surgir determinados problemas en la mama. La mayoría de ellos guardan relación con el pezón, que, pese a la lubricación extra llevada a cabo por las glándulas de Montgomery (los puntitos de la areola), a menudo se resiente debido a la maceración constante de la zona o por la obstrucción de los conductos galactóforos próximos al pezón.

El agarre del bebé es fundamental para evitar muchos de los problemas del pezón. No importa la postura de la madre, pero sí la orientación de la cabeza del bebé, cuya nariz, mejilla y mentón deben contactar siempre con la mama. Un mal agarre facilita la aparición de las molestas grietas que, si son profundas, pueden llegar a sangrar. Estas diminutas heridas suelen curar espontáneamente con un agarre correcto, pero pueden ser también el punto de entrada de algunos microorganismos responsables de ocasionar infecciones.

Llamamos mastitis infecciosa puerperal al proceso inflamatorio del pezón (que incluye enrojecimiento, tumefacción, dolor y aumento de temperatura, entre otros efectos) generalmente ocasionado por la bacteria *Staphylococcus aureus*. El vaciado de la leche puede resultar efectivo para aliviar los síntomas, pero si no es suficiente, suele recomendarse tratamiento antibiótico. Si aun así persisten los síntomas, podría ser que el germen causante no fuera sensible al antibiótico utilizado. En estos casos se puede realizar un cultivo de la leche para averiguar a qué antibióticos es sensible el germen; este procedimiento se conoce como antibiograma. También se está investigando el papel de los probióticos en la prevención y el tratamiento de la mastitis, pero los estudios realizados hasta ahora no son del todo concluyentes. Sin embargo, sí que hay consenso en cuanto a la necesidad de seguir lactando siempre que se pueda, incluso ante un cuadro infeccioso. El bebé no sufre ningún riesgo y puede ayudar, aun sin saberlo, a aliviar los síntomas de su madre.

Durante la lactancia no es infrecuente la palpación de algunos bultos en la mama. Al no existir el ciclo menstrual, no servirá de nada el truco de esperar a la menstruación para darles o restarles importancia —si persisten, cuidado; si desaparecen, calma—. En el caso de que se esté lactando hay que tener en cuenta si los bultos persisten después de la toma y, si es así, conviene dejar transcurrir al menos una semana. La mayoría de las veces son entidades banales, pero si persisten más allá de una o dos semanas se debe acudir al médico, ya que conviene descartar algo más serio. Pero como decía, con frecuencia estos bultos se deben a la obstrucción de los conductos galactóforos próximos al pezón, lo que condiciona la formación de quistes con leche retenida en su interior. Se llaman galactoceles y suelen resolverse por sí solos una vez transcurrida la lactancia, sin la necesidad de ningún tratamiento especial.

Un fenómeno parecido puede tener lugar en la salida de los conductos del pezón. Se reconoce muy bien por su aspecto característico: un puntito blanco, a veces doloroso, en el mismo pezón. Tienen un nombre tan sugerente como el de perlas de leche y suelen desaparecer con la aplicación de calor o de aceite de oliva antes de la succión del bebé.

Otra lesión palpable típica es el adenoma de la lactancia. Vendría a ser como un fibroadenoma, con un aspecto fácil de reconocer para el radiólogo y con un comportamiento bastante agradecido, porque suelen desaparecer una vez finalizado este periodo.

Como hemos visto, la mayoría de estas lesiones son por lo general fácilmente reconocibles. Sin embargo, no siempre es así y algunos tumores pueden presentar un comportamiento similar. Ante la mínima duda, los radiólogos optamos siempre por biopsiar los hallazgos y así descartar malignidad. También se pueden biopsiar las posibles complicaciones de una mastitis puerperal como, por ejemplo, un absceso mamario o colección de pus, y aprovechar la ocasión para drenarlo. No hay ningún inconveniente en realizar una biopsia a un pecho que está amamantando, pero, aunque muy raramente, puede aparecer lo que se conoce como fístula láctea. En estos casos se identifica la salida de leche por el punto de la piel por donde se ha introducido la aguja o bien por la herida quirúrgica. No son un asunto grave y suelen cerrar por sí solas, aunque suponen la interrupción de la lactancia en la mama afectada.

Cuenta la leyenda que los hermanos gemelos Rómulo y Remo fundaron Roma en el siglo VII a. C. Hijos de Marte, dios de la guerra, y de la sacerdotisa Rea Silvia, fueron ordenados asesinar por el rey Amulio. Sin embargo, quien debía cometer el infanticidio finalmente se echó atrás y los abandonó en el interior de un cesto en el río Tíber. No perecieron porque los encontró la loba Luperca en la orilla de un pantano y los alimentó hasta que un pastor y su mujer se hicieron cargo de ellos.

¿Quién no tiene en mente la imagen de la Loba Capitolina amamantando a los dos niños y plasmada en numerosos *souvenires* de la capital italiana? Pese a la escasa credibilidad de esta historia, no hay que olvidar que, a lo largo de los tiempos y hasta hace bien poco, la

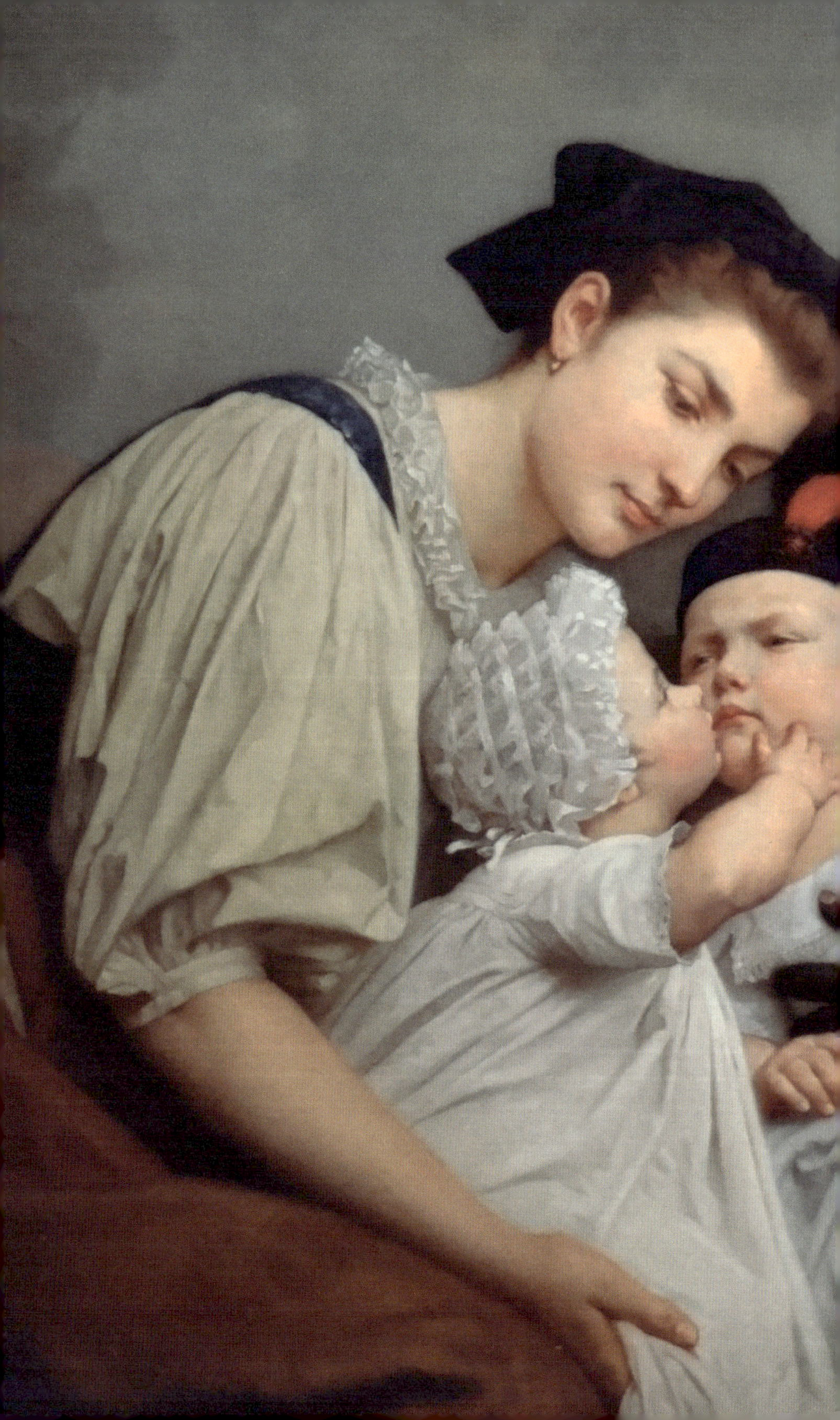

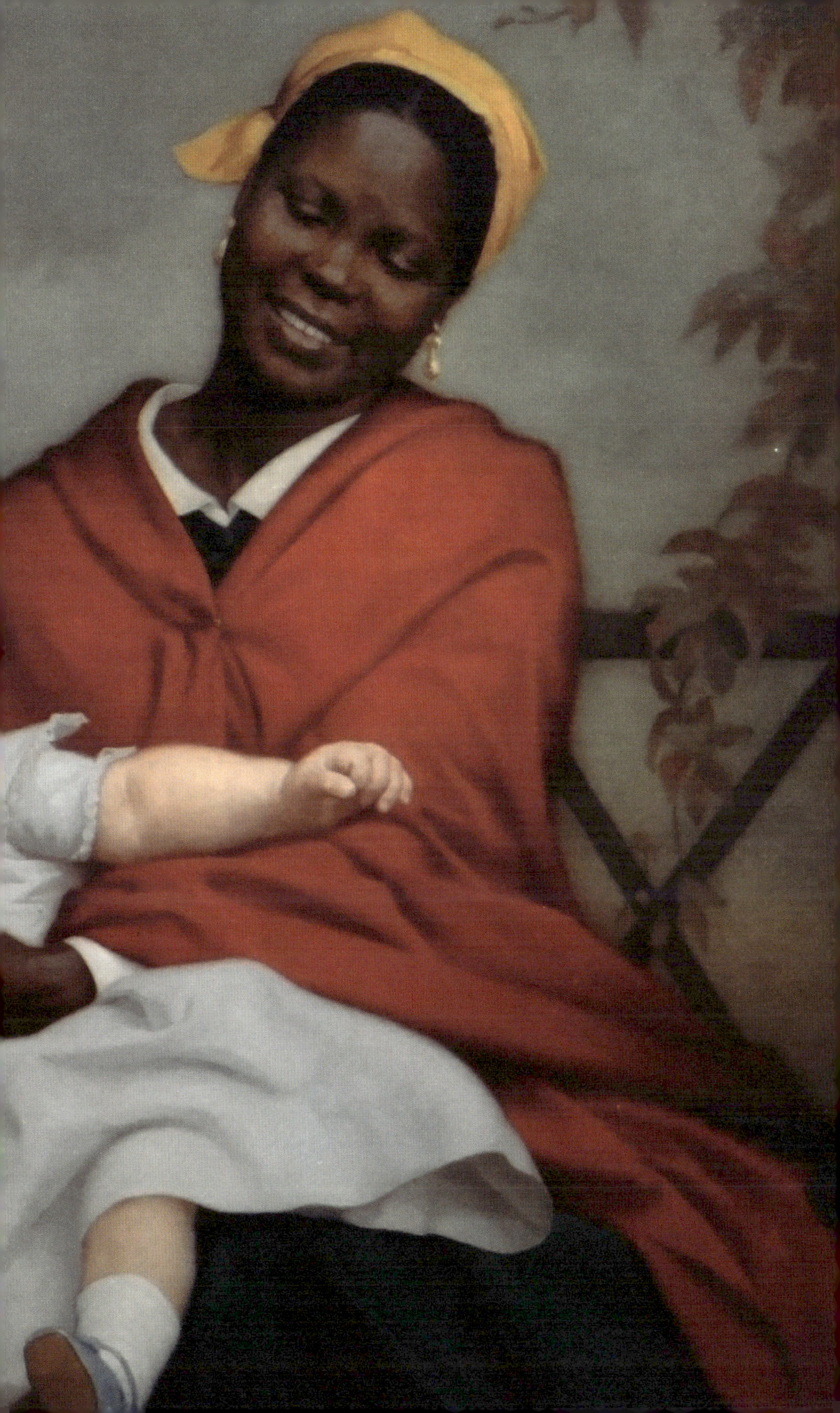

figura de la nodriza o ama de crianza estaba plenamente consolidada en la sociedad. Eran mujeres que, del mismo modo que Luperca, se dedicaban a amamantar a bebés que no eran suyos. Se conservan documentos antiguos que prueban la existencia de esta figura, cuyo prestigio fue mayor o menor según la época. La gran mortalidad infantil propició que muchas mujeres tuvieran la posibilidad de seguir amamantando criaturas distintas a las suyas. Fuera por la imposibilidad de dar el pecho (leche insuficiente, dolor al amamantar o partos múltiples, entre otras causas), por la preferencia de dedicar el tiempo a otros menesteres, o bien por la voluntad de volverse a quedar pronto embarazadas —la lactancia inhibe la ovulación—, muchas mujeres optaban por contratar a una nodriza.

Ya entre los egipcios, griegos y romanos era muy común: por ejemplo, Maya fue la encargada de dar el pecho al pequeño Tutankamón (*c.* 1341-*c.* 1323 a. C.). De hecho, en la mitología se mencionan numerosos hijos amamantados por mujeres distintas a sus madres. Esta práctica siguió en auge hasta bien entrado el siglo XX, cuando muchas mujeres, en general con pocos recursos económicos, abandonaban sus casas o pueblos durante periodos de tiempo más o menos largos para asistir a las criaturas de familias acomodadas.

Le baiser enfantin (El beso infantil) es una pintura de Jacques-Eugène Feyen (1815-1908), donde el pintor francés nos muestra a dos nodrizas con sus respectivos niños. Ninguna de ellas muestra sus pechos, pero Feyen, que pintó el cuadro durante la segunda mitad del siglo XIX —es importante contextualizar—, nos da a entender la profesión de las dos mujeres con un detalle tan sutil como el color de la piel. Mientras que una de las nodrizas es blanca y la otra es negra, la niña y el niño respectivos son ambos de piel blanca. Sin embargo, el protagonismo del cuadro, bien patente gracias al título, se lo llevan las dos criaturas: la niña, que posa decidida su mano derecha en la mejilla del niño mientras acerca sus labios a los de él para besarlos, y el niño, con expresión de sorpresa, que aguarda el desenlace con cierta resignación. Más de un siglo después, el prestigioso fotógrafo italiano Oliviero Toscani (1942) consiguió un golpe de efecto al retratar para una campaña publicitaria de Benetton a un bebé blanco amamantado por una mujer negra.

La aparición de la leche artificial dio al traste con la necesidad de contratar los servicios de las nodrizas. Afortunadamente para las criaturas romanas, la leche artificial no existía por entonces en la antigua Roma. Y es que algún prestigioso historiador llegó a afirmar que los romanos preferían que la *nutrix* de sus hijos fuera griega, ya que así —no sé hasta qué punto gracias a la leche— aprenderían la lengua de Homero con más facilidad.

No quisiera abandonar la antigua Roma sin mencionar una moralizadora historia conocida como *Caritas romana*. Resulta que un tal Cimón fue condenado a muerte por inanición. La hija del anciano, llamada Pero, no soportaba la terrible visión del hombre muriéndose de hambre en prisión y, ante la incapacidad para poder llevar cualquier alimento a su padre, optó finalmente por ofrecerle la leche de sus pechos. El carcelero que los estaba espiando presenció cómo Pero amamantaba a Cimón y lo comunicó de inmediato a las autoridades, que, impresionadas por el acto de caridad de la mujer, decidieron liberar al preso.

La *Caritas romana* ha sido inmortalizada por numerosos pintores y escultores a lo largo de los siglos. Aparece incluso en un fresco del siglo I a. C. descubierto en Pompeya. Quisiera destacar la peculiar representación de la *Caritas romana* realizada por Barbara Krafft (1764-1825). La pintora austriaca, una aparente desconocida para la mayoría de nosotros, es, sin embargo, la autora de uno de los retratos *post mortem* más célebres de Wolfang Amadeus Mozart (1756-1791) que solemos encontrar por doquier cuando visitamos Viena. En 1797, Krafft retrató al conde Franz de Paula Graf von Hartig (1758-1797) junto con su segunda esposa Eleanore. El viejo conde, de tez blanca y vestido con un batín a rayas, está arrellanado en un sillón, junto a una mesita con sus medicinas. Detrás de él, aparece Eleanore, bastante más joven y con un mejor color de cara, con los pechos al aire, en ademán de ofrecerle el derecho. Se trata, desde luego, de una interpretación curiosa de lo que para Krafft sería el cuidado incondicional de la joven mujer a su esposo anciano. Sin embargo, la sonrisa picarona del conde y la cara de circunstancias de la mujer son más propias de una pareja pillada *in fraganti.*

mamma rubescens

LAS OTRAS MASTITIS

Las mastitis puerperales no son las únicas posibles. Con el término «mastitis» nos referimos a cualquier inflamación de la mama, sea o no de origen infeccioso. Algunas veces son difíciles de diferenciar unas de otras, ya que los síntomas suelen ser similares: enrojecimiento de la piel (eritema), tumefacción de la mama, aumento de la temperatura, dolor y, con menos frecuencia, secreción. Las mastitis infecciosas fuera del periodo de la lactancia son más raras y se dan sobre todo en mujeres diabéticas o con las defensas disminuidas. Por lo general, están asociadas a pequeñas lesiones de la piel, que de otro modo hubieran pasado desapercibidas, o bien a heridas (tras una biopsia o una cirugía), quistes u otras lesiones que se acaban infectando.

Las mastitis no infecciosas, en cambio, son bastante más comunes. Suelen darse en mujeres jóvenes y guardan una estrecha relación con el consumo de tabaco. Se piensa que algún tóxico del tabaco debe de estar implicado en la inflamación de los conductos galactóforos situados detrás del pezón (lo que se conoce como galactoforitis), pero todavía no se saben los mecanismos exactos.

Aunque la mastitis sea una entidad compleja, tanto desde el punto de vista de la mujer que la sufre como del médico que la trata, voy a intentar simplificarla. Al menos, la de origen no infeccioso, más difícil de entender, ya que no parece existir un culpable claro a quien responsabilizar de todo. Siguiendo con el símil arbóreo que nos acompaña a lo largo del libro, piensa en uno de esos conductos galactóforos que llegan al pezón como si fueran el tronco de un árbol. Las coníferas, como el pino, son un tipo de árboles que se caracterizan por secretar una sustancia pegajosa llamada resina, que fluye a través de la corteza.

En la mama sucede algo parecido. Por motivos poco claros, puede producirse una especie de resina que, bien sea en el interior o en la pared del conducto, genera una irritación más o menos intensa capaz de desencadenar una reacción inflamatoria a la que vamos a conocer como mastitis. Asimismo, esta zona inflamatoria puede sobreinfectarse, lo que favorece la producción de pus. Este material purulento puede manifestarse en forma de bolsa de pus llamada absceso, o bien, ir progresando y avanzando gracias a la creación de unos caminos llamados fístulas que pueden llegar hasta la piel y abrirse hacia el exterior. De ahí la indicación conjunta de un tratamiento antiinflamatorio y antibiótico ante los primeros síntomas de una mastitis, para evitar futuras complicaciones.

Si el absceso ya se ha formado, lo más probable es que el médico sugiera su drenaje para vaciar el pus existente. En función de los hallazgos clínicos y por imagen, según la cantidad de pus identificada, podrá colocarse un catéter o tubo fino de drenaje en el interior del absceso, o bien indicarse cirugía. Según como sea el comportamiento o la evolución de la mastitis, no es de extrañar que el radiólogo que examina las pruebas de imagen decida biopsiar los hallazgos y así descartar otra causa menos inofensiva. Como ya comenté en un capítulo anterior, en algunos casos también puede ser útil obtener muestras de un absceso para realizar un cultivo de los microorganismos presentes y encontrar, de este modo, el mejor tratamiento antibiótico. Son muchos los posibles gérmenes culpables de la sobreinfección y no a todos ellos se los combate del mismo modo.

Conviene tener en cuenta que muchas de las mastitis recidivan si no cede la causa que las origina. En el caso de las mastitis relacionadas con el tabaco, por ejemplo, resulta imprescindible dejar de fumar. También pueden aparecer de nuevo si con la cirugía no se extirpa el trayecto fistuloso en su totalidad.

Por último, habría que mencionar que los médicos —está claro que nos gusta complicarnos— también llamamos mastitis a algunas entidades no tan comunes y a menudo relacionadas, entre otras, con la diabetes o la tuberculosis, que no suelen manifestarse como un proceso inflamatorio típico, sino más bien como una tumoración palpable o como una masa identificada mediante las pruebas de imagen.

El término «vacuna» procede del latín *vacca*, ya que este rumiante al que tanto apreciamos fue determinante para su invención. Aunque, para ser más exactos, son sus grandes ubres y pezones los auténticos protagonistas de la siguiente historia.

La viruela fue una enfermedad infecciosa extremadamente grave y contagiosa que durante siglos causó verdaderos estragos en la población. Se estima que una de cada tres personas enfermas de viruela murió a causa de alguna de sus complicaciones. Desde 1980 la OMS considera erradicada la infección natural por el *Variola virus*, del género *Orthopoxvirus*, el mismo al que pertenecen los causantes de la viruela de la vaca o de la viruela de otros animales como el camello o el mono. A diferencia de estas últimas, habitualmente leves, la afectación humana era mucho más grave. Los síntomas iniciales eran similares a los de una gripe. Más tarde, en cambio, aparecían unas manchas rojizas en la mucosa de la boca y de la garganta que después se extendían por la piel de la cara, brazos, tronco y piernas. Al cabo de poco tiempo, las manchas se volvían pequeñas vesículas con líquido transparente y, más tarde, pústulas. Estas se transformaban después en costras, que podían llegar a ser muy profundas y provocar grandes cicatrices al desaparecer. También era frecuente la afectación ocular que, en algunos casos, conducía a la ceguera.

La mayoría de las muertes se debían a la respuesta inflamatoria exagerada que tenía lugar en algunos individuos. En cambio, quien se libraba de esta y sobrevivía conseguía inmunidad para el resto de su vida. Por este motivo, para prevenir la terrible enfermedad, fue común la variolización. Consistía en inocular el polvo de costras de viruela molidas de algún enfermo de poca gravedad en una incisión hecha en la piel del individuo al que se quería proteger. A partir de entonces, se aislaba a la persona, que padecería una variedad leve de viruela, pero de esta forma quedaba protegido ante una posible versión más severa de la enfermedad. Sin embargo, la realidad no fue siempre tan ventajosa como la teoría, y algún desalmado, aunque muy probablemente de modo involuntario, inoculaba el polvo de pústulas y no de costras inofensivas, provocando formas severas de la enfermedad.

La viruela bovina producía —aunque lo escribo en pasado, piensa que a diferencia de la humana aún no ha sido erradicada— unas lesiones muy similares en la piel de las ubres y de los pezones de la vaca, que habitualmente no presentaban más complicaciones. Era frecuente que quienes ordeñaban las vacas enfermas desarrollaran también unas pústulas parecidas en las manos que no revestían gravedad y, lo mejor de todo, los protegían de contraer la viruela humana.

Este detalle fue tenido en cuenta y durante la segunda mitad del siglo XVIII fueron varios los que pusieron en práctica dicha observación. Benjamin Jesty (1736-1816) fue uno de ellos. Este agricultor inglés decidió proteger a su mujer e hijos de la terrible viruela provocándoles un leve rasguño en sus brazos para depositar sobre ellos el material pustuloso de la ubre de una vaca enferma con viruela bovina. Lo cierto es que, a pesar de la lluvia de críticas que le cayó encima por experimentar con los miembros de su familia, estos no contrajeron nunca la enfermedad.

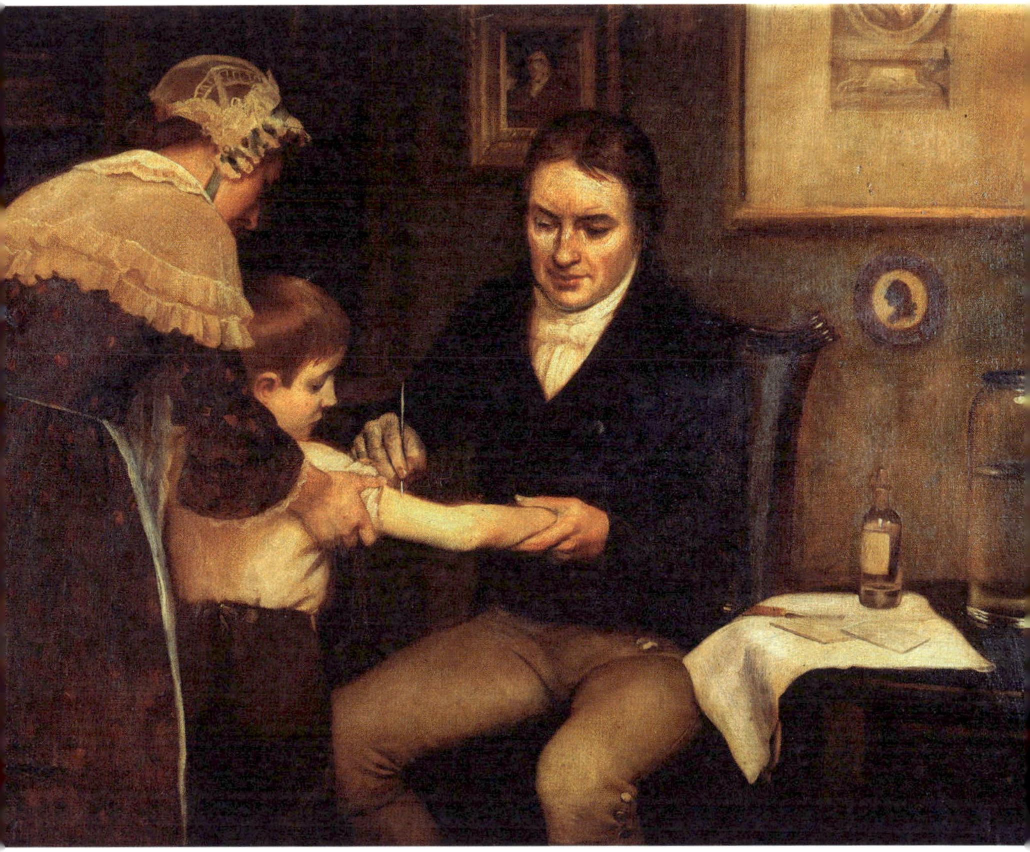

Sin embargo, no fue hasta dos décadas después cuando otro inglés, llamado Edward Jenner (1749-1823), un doctor con muchas inquietudes más allá de la medicina, realizó un experimento parecido en su pueblo natal, donde ejercía como médico de cabecera. Jenner hizo un par de cortes en los brazos de un niño de ocho años, donde inoculó el contenido de una pústula procedente de las manos de una ordeñadora, cuyas vacas enfermas la habían contagiado. Al cabo de pocos días, el niño tuvo algunos síntomas, pero todos ellos muy leves. Posteriormente, Jenner inoculó varias veces al niño el virus de la viruela humana, pero este no enfermó porque estaba inmunizado. Animado por el éxito de su experimento inoculó su «vacuna» a más individuos con igual éxito. A diferencia de sus predecesores, empleó una metodología tal vez más científica y, además, anotó todos los experimentos en una especie de diario que acabó publicando. Tras las feroces críticas inherentes a cualquier novedad, la reproducibilidad con éxito de sus experimentos lo encumbraron hasta llegar a ser considerado como el padre de la vacuna o, mejor dicho, de la inmunización.

No fue hasta el siglo XIX cuando Louis Pasteur (1822-1895) acuñó el término «vacuna» en honor al experimento de Jenner. El prestigioso científico francés fue el primero en crear vacunas para enfermedades como la rabia o el carbunco utilizando el mismo patógeno pero atenuado, a diferencia del inglés, que había utilizado distintos virus, aunque de la misma familia. Entre otros muchos descubrimientos, debemos a Pasteur el proceso de la pasteurización (la disminución drástica de los gérmenes de un alimento mediante la aplicación de calor), gracias a la cual podemos consumir leche de otras especies distintas a la nuestra. No hay que olvidar que somos los únicos animales que lo hacemos, de un modo seguro y durante todas las etapas de la vida.

mamma cadens

LA PÉRDIDA DE VOLUMEN Y CONSISTENCIA DE LA MAMA

La etapa reproductiva de la mujer llega a su fin durante el climaterio. Así se conoce al periodo de tiempo que comprende los años previos y posteriores a la menopausia. Otro término relativamente moderno —fue inventado en el siglo XIX por un médico francés— para referirse a la ausencia de ciclo menstrual en la mujer. En concreto, no se habla de menopausia hasta que transcurren doce meses ininterrumpidos sin regla. ¿Y por qué hay que esperar todo un año? Pues porque hacia la mitad del climaterio, durante la llamada perimenopausia, la aparición de los ciclos menstruales es irregular (también su frecuencia, duración y volumen de sangrado) y una ausencia provisional podría conducir a errores.

Los motivos son imposibles de detallar en tan pocas páginas, pero se pueden resumir en una pérdida de ovocitos —recuerda que cada mujer nace con un número limitado de ellos— y en la disminución de estradiol (un tipo de estrógeno) que esto supone. Las fluctuaciones de estradiol se comportan dando la lata del mismo modo que los parpadeos irregulares de un tubo fluorescente a punto de fundirse. Como si se tratara de un complejo sistema de engranajes, cualquier desequilibrio hormonal supone un desbarajuste de considerables proporciones y, en este caso, con las consecuencias ya conocidas: sofocos, labilidad emocional, pérdida mineral ósea y un largo etcétera del que la mama no se libra. Este comportamiento hormonal caprichoso da lugar a incrementos repentinos del tamaño mamario asociados con frecuencia a mastalgia. Los quistes, esos globos con líquido en su interior, pueden llenarse de un momento a otro, dando lugar a una sensación de tensión mamaria e incluso pueden palparse. La ventaja de estos síntomas es que, al igual que aparecen repentinamente, también suelen desaparecer de un modo brusco.

Cuando el fluorescente al fin se apaga al establecerse la menopausia y los niveles de estradiol están bajo mínimos, toda la mama sufre las consecuencias. La piel pierde hidratación y esta sequedad genera picor. El color del pezón también puede variar porque los estrógenos desempeñan un papel importante en su pigmentación. La caída en picado de estos provoca la disminución de su coloración. Pero, además, las estructuras más profundas de la piel, como el colágeno, también pierden firmeza y elasticidad, lo que acaba favoreciendo la aparición de arrugas. Esta involución, cómo no, también afecta a los conductos galactóforos. Al igual que la goma elástica de una prenda de vestir pierde elasticidad con el tiempo y se da de sí, los conductos de la leche también ceden y se dilatan, lo que puede dar lugar a que el pezón se esconda hacia dentro. Este fenómeno común, al que llamamos invaginación, suele revertir sin dificultad con la ayuda de los dedos y no debe confundirse con la retracción del pezón, que ocurre cuando la lesión (en general, un tumor) afecta a los conductos y a las estructuras de alrededor, lo que también esconde el pezón hacia dentro. A diferencia de la invaginación, sin embargo, suele notarse una palpación dura por detrás del pezón, que no es posible revertir manualmente. Los conductos dilatados almacenan diversas secreciones que, en cualquier momento, pueden irritar e inflamar la zona, dando lugar a una galactoforitis o a una mastitis. Para colmo, la pérdida de estradiol también desencadena la atrofia de los componentes glandulares y grasos de las mamas, que, sin ellos, no solo pierden volumen, sino también consistencia.

Hay que tener en cuenta que estos cambios que tienen lugar durante la posmenopausia no van a suceder de igual modo en todas las mujeres. Y es que el estradiol que se produce en los ovarios es tan solo uno, aunque el más potente, de los tres estrógenos que sintetiza el organismo. Durante la menopausia, sin embargo, el estrógeno predominante es la estrona. Menos poderoso que el estradiol, se sintetiza en diferentes partes del organismo, pero sobre todo en los acúmulos de grasa, lo que puede justificar que los cambios mamarios descritos hasta ahora, consecuencia de la caída en picado del estradiol en sangre, sean menos percibidos por las mujeres obesas. Sin embargo, cuidado, porque lo que puede parecer una ventaja para estas mujeres en realidad no lo es del todo. Los estrógenos circulantes en la sangre de las mujeres con sobrepeso u obesidad se asocian a un incremento en la incidencia de algunos cánceres. El de mama es uno de ellos.

Ante semejante conflicto hormonal durante el climaterio o menopausia, lo más normal será preguntarse qué papel tiene en todo esto la terapia hormonal sustitutoria, de la que voy a hablar a continuación.

Una de las obras de Erasmo de Róterdam (1466-1536) que más revuelo han generado es el *Elogio de la locura*, también conocida como *Encomio de la estulticia*. Escrita por el filósofo y teólogo neerlandés a principios del siglo XVI, critica la sociedad de su época empleando un tono satírico y moralizante, del que no se escapa prácticamente nada ni nadie. En el capítulo trigésimo primero destaca su sátira de las mujeres mayores («ancianas») que se esfuerzan por resultar coquetas y, entre otras cosas, «[...] se embadurnan asiduamente el rostro con afeites; no se separan del espejo; se depilan el bosque del bajo pubis; exhiben los pechos blandos y marchitos [...]»* para agradar a los hombres.

El pintor Quinten Massys (1466-1530) probablemente tuviera en mente la obra de su compatriota y contemporáneo cuando concibió *La duquesa fea,* un retrato satírico en el que aparece una dama de la aristocracia ciertamente peculiar. Sobre un fondo verde y ataviada con un tocado ostentoso típico de la juventud aristócrata de la época, la dama muestra un rostro viejo, grotesco y deforme, que no deja indiferente al espectador. ¿Quién era la dama del cuadro? Son varias las explicaciones posibles. Una de ellas arroja la hipótesis de que se tratara de una condesa famosa precisamente por su fealdad. Otra, no más plausible pero sí más interesante desde el punto de vista médico, es que se tratara de una mujer con la enfermedad de Paget. También conocida como *osteitis deformans,* se trata de una extraña enfermedad que empieza destruyendo los huesos, para luego regenerarlos de un modo descontrolado, ocasionando tremendas deformaciones. Pese a compartir el nombre de un eminente patólogo británico del siglo XIX, no tiene nada que ver con la enfermedad de Paget de la mama o la de la vulva.

Reconozco que la primera vez que observé el óleo de Massys sentí cierto rechazo. Pero lejos de apartar la mirada del cuadro, me dediqué a escudriñar cada detalle de este bajo los efectos de una extraña fuerza de atracción. Gracias a ese entusiasmo distinguí la pequeña flor roja que la dama sostiene con la mano derecha y con la que, según los expertos, expresa su deseo de encontrar un pretendiente. Sin embargo, fruto del defecto profesional, desvié de inmediato la mirada hacia el generoso escote que luce la protagonista y, cómo no, hacia sus pechos, que, pese a su gran tamaño, parecen flácidos. El paso inexorable del tiempo, que la duquesa pretende ocultar con el tocado y el vestido, se pone de manifiesto en las arrugas trazadas en los pechos con un realismo asombroso.

---

* Erasmo de Róterdam, *Elogio de la locura o encomio de la estulticia*, edición y traducción de Pedro Voltes, Austral, Barcelona, 2011.

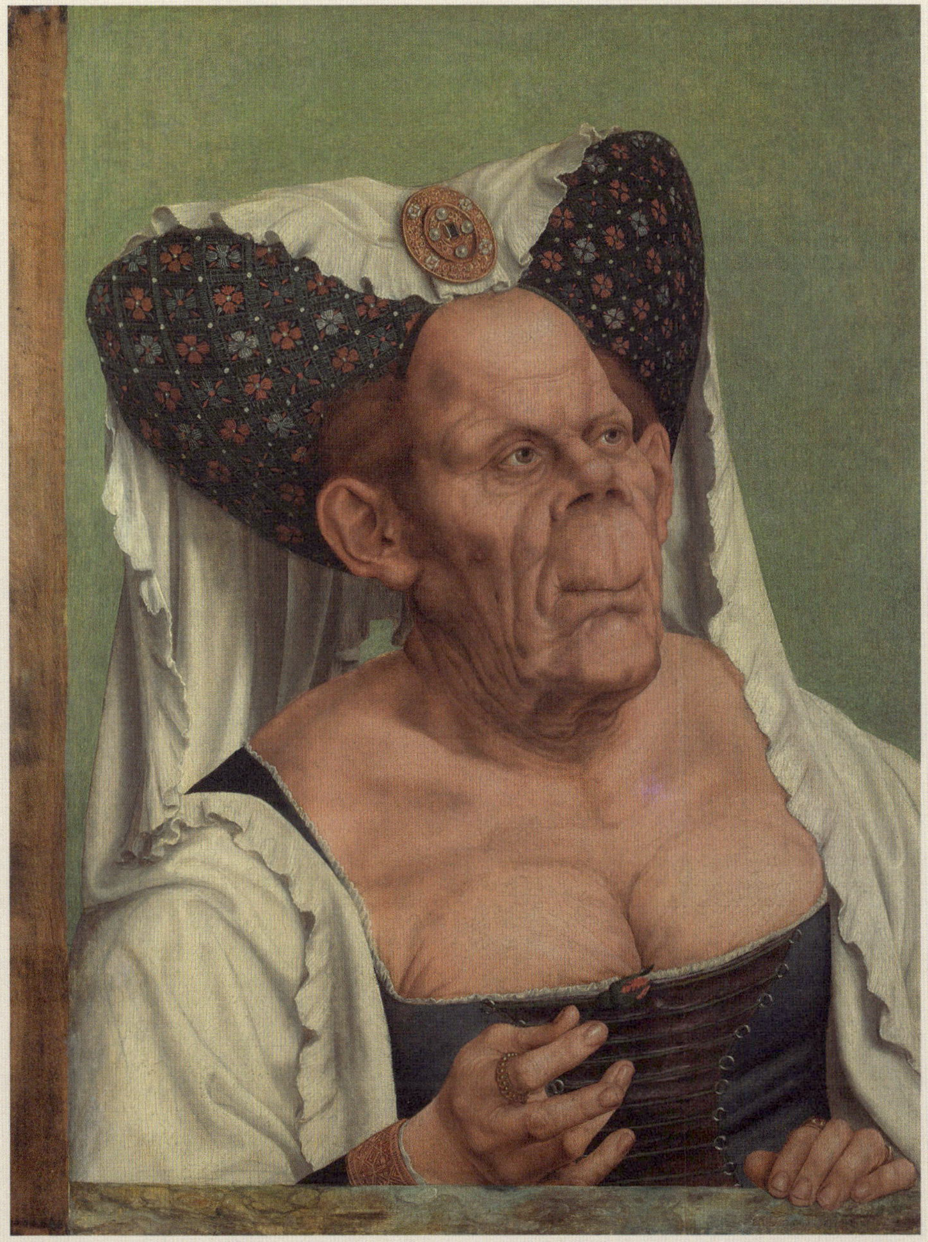

El pintor flamenco es de los pocos que a lo largo de la historia han representado a una mujer mayor, pero no anciana, en un momento que bien puede coincidir con los albores de la menopausia. Y también es de los pocos que ha mostrado —aunque solo sea en parte— sus mamas. Si un ser extraterrestre llegara a nuestro planeta y las únicas figuras humanas del sexo femenino con las que se topara fueran las mujeres presentes en las pinacotecas, se llevaría una impresión claramente sesgada. Mujeres vitalistas en su plena juventud, madres amamantando (incluidas múltiples representaciones de la Virgen María) o mujeres ancianas copan la mayoría de las pinturas.

Pero ¿qué sucede con aquellas mujeres mayores desde un punto de vista biológico y, sin embargo, todavía jóvenes desde un punto de vista físico y mental? Si bien la edad es objetiva, no lo es el modo de llevarla. Mujeres y hombres que antaño se consideraban mayores no lo son en la actualidad. Pero han sido sobre todo las mujeres climatéricas las que a lo largo de los años han permanecido ocultas, no solo a los ojos de los artistas, sino a los de toda una sociedad, víctimas de un acuerdo tácito. Una especie de censura aceptada por todos y por todas, tal vez más sutil, aunque igual de reprobable que las ejercidas por la cadena de televisión estadounidense Fox o por Instagram en pleno siglo XXI.

Sesenta años después de que Pablo Picasso (1881-1973) finalizara la serie de *Las mujeres de Argel,* en mayo de 2015, la famosa casa de subastas Christie's de Nueva York vendió por una cifra astronómica la conocida como «Versión 0». La cadena conservadora emitió la noticia mostrando difuminados todos los pechos que aparecen en el cuadro. Por otra parte, el cartel de *Madres paralelas,* película de Pedro Almodóvar (1949), diseñado por Javier Jaén (1983), fue retirado de Instagram por obsceno. El motivo: una fotografía en blanco y negro con aspecto de ojo mostrando un pezón del que rebosa una gota de leche a modo de lágrima.

En fin...

mamma innaturalis

LA TERAPIA HORMONAL SUSTITUTIVA

Considerada una panacea durante años, el uso de la terapia hormonal sustitutiva o terapia de reemplazo hormonal está, en la actualidad, mucho más restringido. Todo empezó en los años noventa, cuando una visión simplista —y comercial— del complejo mecanismo hormonal atribuía a este tratamiento maravillosos efectos para combatir los síntomas indeseables de la menopausia, como los sofocos, el insomnio, la labilidad emocional y un largo etcétera. Parecía lógico que, si la mayoría de ellos eran debidos a la caída en picado del estradiol en la sangre, la solución fuera contrarrestar esa disminución con la incorporación exógena de estrógenos. Su uso fue generalizado entre un gran número de mujeres climatéricas. Más adelante se demostró su efectividad para mejorar muchos de esos síntomas, así como para frenar otros efectos importantes de la menopausia, como la pérdida ósea y la sequedad genitourinaria asociadas.

En cambio, otros aspectos también afectados durante la menopausia como, por ejemplo, el riesgo cardiovascular, no mejoró y, de hecho, empeoró. También se demostró un riesgo mayor de padecer cáncer de endometrio (la alfombra que tapiza el interior del útero) y de mama. Para contrarrestar los efectos indeseables de los estrógenos, se añadieron los gestágenos en la composición del tratamiento hormonal sustitutorio. Gracias a la progesterona y similares se consiguió un efecto protector sobre el endometrio.

Pero no todo se queda aquí. En algunos casos, la incorporación de una tercera hormona a este cóctel, la testosterona, puede ser de utilidad cuando se asocia una pérdida considerable del apetito sexual. En definitiva, al igual que los síntomas del climaterio y de la menopausia son muy variables según cada mujer, existe también una gran variabilidad de opciones terapéuticas. No solo por su composición, sino también por su modo de administración, que incluye pastillas, cremas, anillos u óvulos vaginales, parches cutáneos, etcétera. No todos ellos sirven para lo mismo y la elección de uno u otro no debe nunca basarse en determinadas preferencias caprichosas, sino en indicaciones médicas bien documentadas y reflexionadas.

Me imagino, lectora o lector, que no te habrá pasado desapercibido el dato acerca del incremento del cáncer de mama en mujeres con terapia hormonal sustitutoria. Precisamente debido a esta gran variabilidad de tratamientos, dosis y modos de administración, los resultados de los múltiples estudios al respecto son también diversos e incluso dispares. Sin embargo, la mayoría coinciden en señalar este incremento del riesgo como discreto o moderado. Para contrarrestar, algunos estudios han demostrado, en cambio, un probable efecto protector contra el cáncer de colon.

Y llegados hasta aquí, parece lógico preguntarse si sucede lo mismo con la contracepción hormonal. A priori, los ingredientes son prácticamente los mismos, estrógenos y gestágenos, pero en el caso de los anticonceptivos las dosis van a ser considerablemente mayores. Además, no conviene olvidar que son dos escenarios completamente distintos. Por un lado, mujeres climatéricas con una disminución hormonal drástica. Y, por otro, mujeres hormonalmente activas a las que se trata de anular la ovulación, consiguiendo un estado gestagénico constante; no es lo mismo, pero, para entendernos, sería parecido a un embarazo larguísimo. Para conseguir este estado basta con incrementar la dosis de estrógenos; este exceso es el que indica al cerebro que ya no es necesario que secrete la FSH, encargada de la maduración folicular.

Los efectos de la contracepción hormonal en la mama son también variables, pero aparecen sobre todo al inicio de la pauta de medicación. La dosis adicional de hormonas puede provocar, de entrada, la hinchazón de las mamas y la aparición de quistes u otras lesiones asociadas al estímulo hormonal. Entre ellas, ¿el cáncer? No está del todo claro —insisto en la cantidad asombrosa de artículos publicados al respecto y la enorme variabilidad metodológica y de resultados entre todos ellos—, pero sí parece probable un mayor riesgo, aunque discreto, de padecer un cáncer de mama. En cambio, el hecho de reducir el número de ovulaciones en estas mujeres se asocia a una disminución posterior del riesgo de padecer un cáncer de ovario —que por lo general suele ser de peor pronóstico que el de mama— y también de endometrio.

Y ¿qué sucede con los individuos transgénero que realizan tratamientos hormonales? Para empezar, habrá que diferenciar a las mujeres transexuales (nacidas hombres) de los hombres transexuales (nacidos mujeres). En el primer caso será necesaria la administración exógena de las mismas hormonas de las que hemos estado hablando hasta ahora, para provocar el estímulo y la proliferación de las estructuras mamarias que de otro modo estarían normalmente sin desarrollar en un hombre. Dicho de otro modo, sería como provocar una ginecomastia controlada. En el segundo caso, lo que se pretende es atrofiar el tejido mamario ya existente y, para ello, es necesario administrar testosterona, la hormona predominantemente masculina, que reduce de un modo drástico los niveles de estrógenos.

Ya mencioné la ginecomastia en el caso del varón adolescente o adulto joven. Se trata de un proceso común durante el crecimiento, debido a un desequilibrio hormonal entre estrógenos y andrógenos. Pero también es posible la proliferación de tejido mamario en el hombre adulto. En general, no conlleva mayores problemas asociados, salvo un aumento de sensibilidad o incluso dolor en la zona, así como un discreto incremento del cáncer de mama, que también puede afectar a los hombres. Las causas, cómo no, suelen ser hormonales. El consumo de marihuana, esteroides anabolizantes, alcohol o incluso la piel del pollo pueden estar implicados. También una larga lista de fármacos puede presentar la ginecomastia como efecto secundario. Otras causas posibles son la cirrosis hepática, la malnutrición, la insuficiencia renal e incluso algunos tumores testiculares. La ginecomastia suele remitir si desaparece la causa que la origina. En algunos casos puede ser necesaria la cirugía.

Para finalizar, y a modo de resumen, quisiera insistir en que cualquier proceso que incluye la toma de hormonas debe ser tratado de una manera seria e individualizada según cada caso y siempre bajo asesoramiento médico. La aceptación de cualquier terapia hormonal debe ser responsable y, por tanto, antes de iniciarla se tienen que conocer todos sus beneficios, que son muchos y distintos según los tipos de hormonas, dosis y modos de administración, pero también los inconvenientes asociados y cómo podemos minimizarlos.

Desnudo con pechos de caracol es un dibujo de Dalí (1904-1989) en el que aparece una mujer joven desnuda, sin rostro, pero con una frondosa melena rizada y dos caracoles que sobresalen de sus mamas. De hecho, parece como si en lugar de pechos tuviera un par de gastrópodos. Para el pintor catalán y uno de los principales representantes mundiales del surrealismo, los caracoles simbolizaban la cabeza y la mente. Se cree que todo empezó el día en que acudió a casa de su amigo Sigmund Freud (1856-1939) y en la entrada de la casa se encontró apoyada una bicicleta con un caracol deslizándose sobre ella. De hecho, este animal hermafrodita de consistencia blanda, pero protegido por un caparazón duro con forma de espiral —como la utilizada clásicamente por los hipnotizadores—, ha sido motivo de interpretaciones varias. La mayoría, con el inconsciente como común denominador. El movimiento surrealista prioriza el mundo de la imaginación al de la razón o los sentidos. Y, observando la obra del genial pintor, no resulta difícil entenderlo.

Aunque al hablar de Dalí lo primero que a uno le viene a la cabeza sea el adjetivo «surrealista», no fue él quien inventó este térmi-

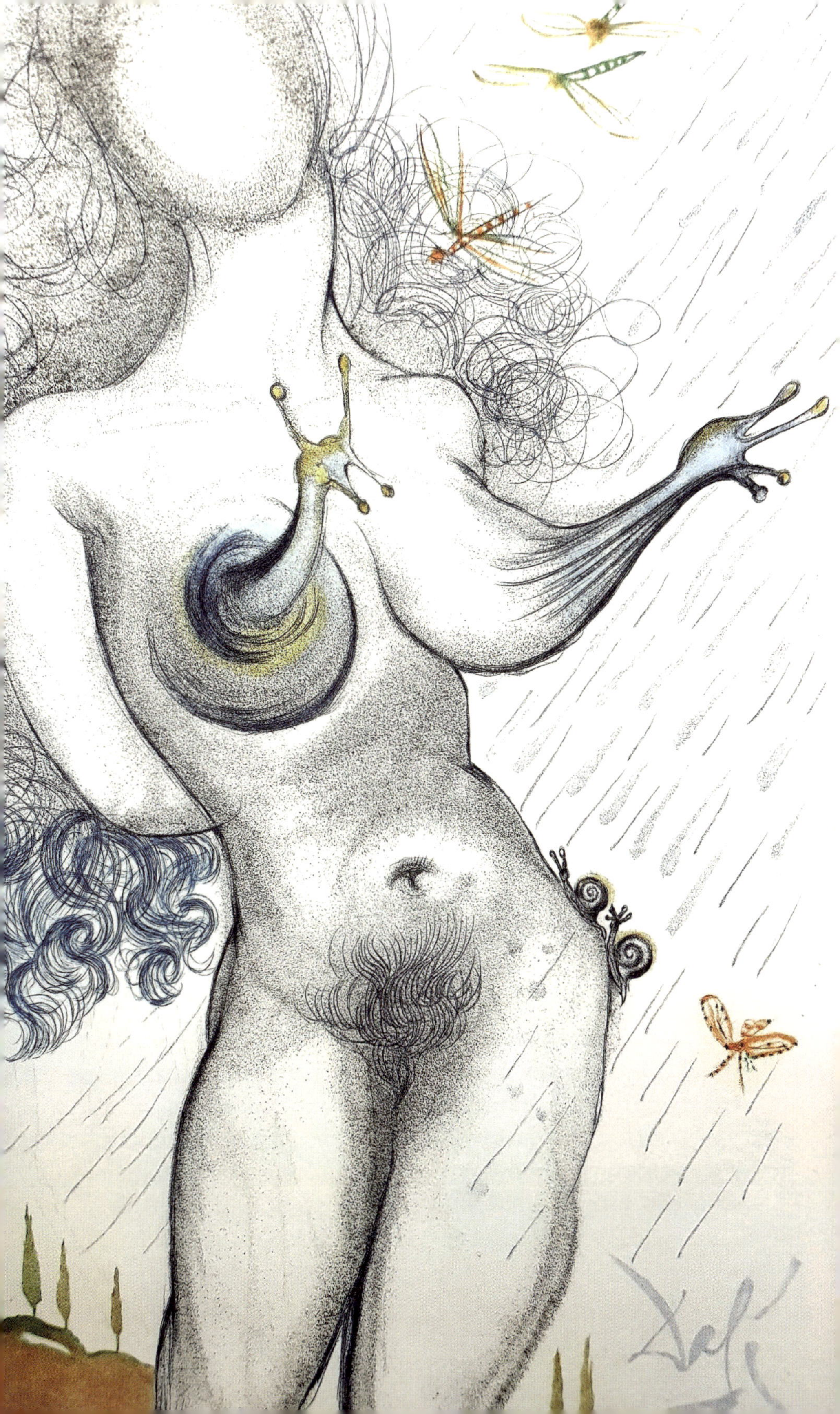

no, sino el también polifacético Guillaume Apollinaire (1880-1918). El francés escribió una pieza teatral, *Les mamelles de Tirésias (Las tetas de Tiresias)*, a principios del siglo XX y la subtituló *Drame surréaliste en deux actes et un prologue (Drama surrealista en dos actos y un prólogo).* La polémica obra, que unas décadas después fue llevada a la ópera por el compositor Francis Poulenc (1899-1963), está ambientada en un lugar llamado Zanzíbar —nada qué ver con la isla africana, sino más bien con una Francia mermada por la Primera Guerra Mundial—, sin niños, en el que la protagonista Thérèse se niega a procrear tal y como le reclaman las autoridades. Está harta del papel exigido a las mujeres por una sociedad machista y se dedica de pleno a la lucha por la igualdad de género. Para ello, nada mejor que convertirse en hombre, mientras que su marido se dedica a procrear, con creces..., ¡más de cuarenta mil criaturas! En un gesto cargado de simbolismo, Thérèse se desabrocha la blusa y sus pechos, dos globos hinchados, salen volando por el escenario. Asimismo, le crece la barba y se hace llamar con otro nombre: Tiresias.

La elección de este nombre por parte de Apollinaire no fue al azar. Tiresias fue uno de los adivinos más famosos de la mitología griega. Su ceguera, castigo de los dioses, le propició una sensibilidad extraordinaria y el don de la adivinación. Sin embargo, también se le conoce por su ambigüedad sexual. Y es que, según Ovidio (43 a. C. -18 d. C.) —no es la única versión, como casi siempre en la mitología—, antes de ser privado del sentido de la vista, fue castigado por intentar separar con un palo un par de serpientes entrelazadas que estaban apareándose en un camino. Una diosa Hera enojada lo convirtió por ello en mujer y, tras siete años con los atributos femeninos, finalmente le fue conmutada la pena —transcurrido ese tiempo se volvió a encontrar con un par de serpientes en igual posición, pero esta vez las respetó— y volvió a ser un hombre hasta el fin de su vida.

Thérèse, al igual que el adivino, acabó rectificando su actitud inicial y prometió procrear el doble de criaturas que había conseguido su marido. En efecto, surrealista total.

mamma alba

LA DENSIDAD MAMARIA

Son muchas las mujeres a las que he oído decir erróneamente que tienen unas mamas densas, fibrosas, fibroquísticas o displásicas. Y a menudo, por no decir siempre, su confusión es debida a que los propios médicos no tenemos claros algunos conceptos clave. Vamos a repasarlos.

Piensa en la estructura anatómica de la mama, compuesta básicamente por fibra, glándula y grasa. A las dos primeras, difíciles de diferenciar una de la otra en la mayoría de las pruebas diagnósticas por imagen, se las conoce conjuntamente como parénquima mamario. En el símil del árbol el parénquima incluiría todo el follaje. Por regla general, cuanto más joven es una mama, mayor es la cantidad de parénquima y menor la proporción de tejido graso. O lo que viene a ser lo mismo, más espeso y frondoso es el follaje. Conforme avanza la edad, la grasa va sustituyendo progresivamente al parénquima. Es decir, el árbol va perdiendo la frondosidad de la juventud y las hojas van cayendo, dejando entrever las ramitas y los espacios entre ellas. Uno debe preguntarse: ¿qué es más cómodo, un lecho mullido de hojas o un lecho constituido básicamente por el ramaje? Salvo que tengas cierta tendencia al masoquismo, lo más probable es que hayas respondido la primera opción.

Si trasladamos este pensamiento a las mamas, nos damos cuenta de que la mama con más parénquima es, en general, más blanda que la constituida sobre todo por grasa. También es más frecuente que esta primera presente más síntomas que la segunda, lo que ha llevado a acuñar términos equívocos y poco precisos, como enfermedad fibroquística o displasia mamaria, para referirse a estos. El problema radica, pues, en confundir los términos «mama dura a la palpación», con «mama fibrosa» o «mama densa». De entrada, el adjetivo «fibroso» debería evitarse porque lleva implícito que conocemos la composición interna de la mama y que sabemos diferenciar los dos componentes del parénquima que acabo de comentar (fibra y glándula), lo que es prácticamente imposible si no realizamos una biopsia y extraemos tejido de ella.

Pero voy a centrarme en la expresión «mama densa». Aunque se trata de un término utilizado en los campos de la física y la química (densidad es igual a la masa dividida por el volumen), los radiólogos nos hemos apropiado de él y cada vez parece más extendido entre las mujeres. Más adelante comentaré en qué consiste la mamografía y por qué debe realizarse, pero ahora quisiera avanzar un detalle sobre esta técnica para explicar mejor el concepto de densidad. La imagen radiológica de la mama consiste en una peculiar amalgama de colores, predominantemente grises, que van desde el blanco del parénquima al negro de la grasa. Cuanto mayor es la cantidad de fibra o de glándula, más blanca resulta la imagen. Y sucede justo lo contrario cuando la grasa es el componente predominante. Así pues, si aplicamos en la mamografía la fórmula de la densidad, esta es igual a la cantidad de parénquima —o de blanco, para entendernos— dividida por el volumen de la mama.

En función de diferentes criterios —que no voy a detallar porque van modificándose con cierta regularidad—, los radiólogos diferenciamos varios tipos de mama según la densidad. Pensemos en el aspecto de un árbol de hoja caduca durante las distintas estaciones del año. La frondosidad que presentará en la primavera no será la misma que la del verano. En otoño las hojas que no se hayan caído dejarán entrever muchas de las ramas del árbol, mientras que en invierno prácticamente no quedarán hojas. Trasladado a la mamografía, hablaremos de unas mamas *extremadamente densas* o de unas mamas *heterogéneamente densas* cuando el aspecto de estas se pueda comparar al del follaje del árbol durante la primavera o el verano, respectivamente. Y no debemos olvidar que, aunque su consistencia también dependerá de otros factores, estas mamas, por norma general, serán blandas a la palpación.

Y uno se puede preguntar el porqué de esta clasificación y de sus implicaciones. Pero antes quisiera remarcar un aspecto importante. Como he mencionado anteriormente, las mamas van perdiendo densidad y van ganando grasa con los años. Pero este patrón habitual de *involución* no se produce de igual manera en todas las mujeres. Del mismo modo que el follaje de una haya es distinto al de un chopo, cada mujer presenta un patrón de densidad mamaria peculiar. Vendría a ser, para entendernos, como una huella dactilar. No es lo más habitual, pero hay mujeres que con treinta años presentan unas mamas grasas, mientras que otras, con ochenta, tienen unas mamas extremadamente densas. Depende, pues, de ciertos factores genéticos, como el color del cabello o de los ojos y, en menor medida, de otros como la dieta o el ejercicio.

La principal implicación de tener unas mamas densas es un discreto incremento del riesgo de padecer cáncer de mama. Pese a no ser mucho, viene por partida doble. Por una parte, las lesiones malignas suelen manifestarse densas (blancas) en la mamografía, con lo que es fácil que queden camufladas y los radiólogos no lleguemos a detectarlas. Por otra parte, una mujer con las mamas densas va a presentar una mayor probabilidad de presentar un cáncer de mama con los años. Pero cuidado. Esto no significa que una mujer de treinta y cinco años (con unas mamas seguramente muy densas) tenga mayor probabilidad de presentar un cáncer de mama que una mujer de setenta y cinco. Este riesgo es acumulativo y, por tanto, una mujer con unas mamas extremadamente densas a lo largo de toda su vida sí presentará un mayor riesgo que otra con unas mamas menos densas.

mama predominantemente grasa **tipo a**

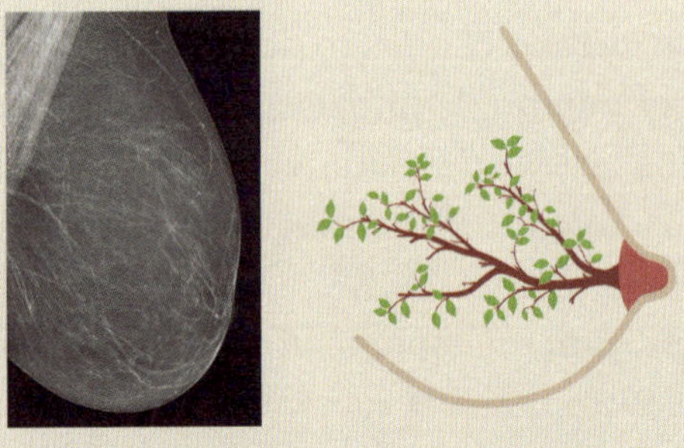

mama con tejido fibroglandular disperso **tipo b**

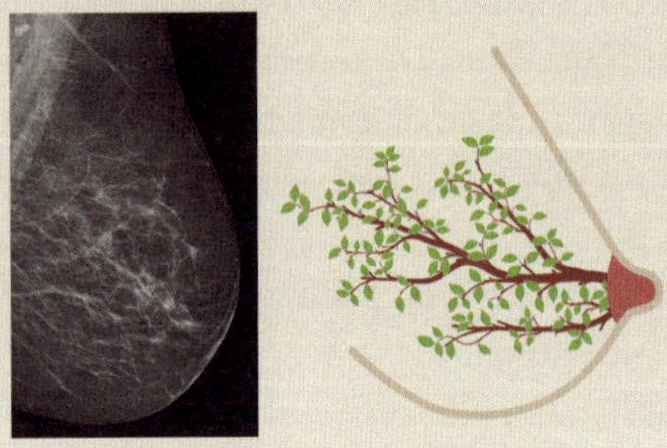

Es fácil de entender este doble riesgo si pensamos en un árbol con pájaros. En un ambiente tropical, donde no existen las estaciones frías (mamas predominantemente densas), no cuesta imaginarse una mayor afluencia de aves entre el follaje que en un árbol de la estepa siberiana (mamas grasas, sin apenas parénquima). Y, si partimos de unas condiciones teóricas de igualdad en lo que respecta al número de aves, la probabilidad de verlas a simple vista es claramente mayor en otoño o invierno, épocas en que la frondosidad del árbol es claramente menor.

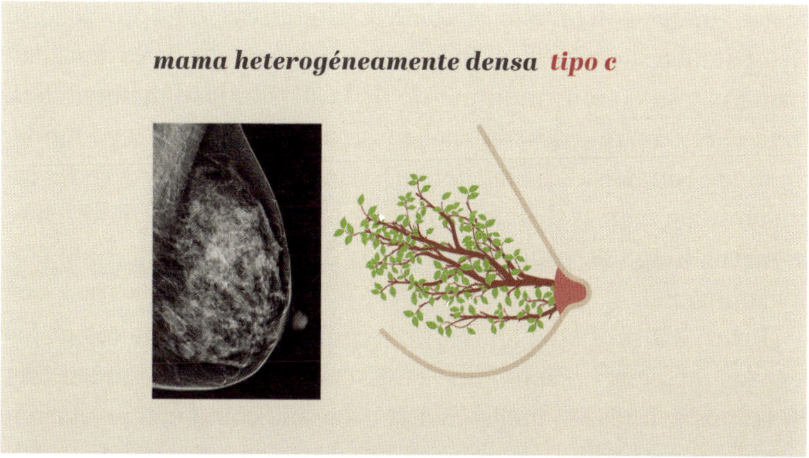

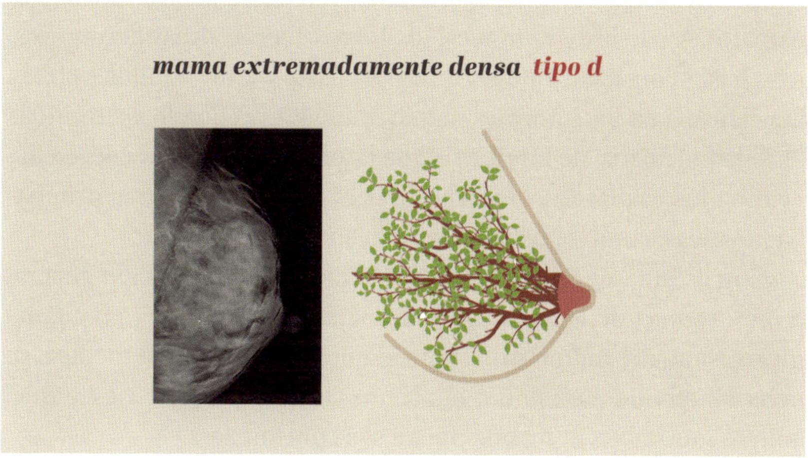

Nancy Cappello (1952-2018) había cumplido ya los cincuenta cuando se hizo una mamografía que resultó negativa. Unas semanas más tarde acudió al médico tras palparse un bulto en la mama. Le indicaron otra mamografía en la que tampoco se veía nada extraño. Pero cuando le hicieron una ecografía de la mama le detectaron un tumor de dos centímetros y medio, además de unos cuantos ganglios axilares afectados. Esta estadounidense, profesora de Educación Especial, aunque con un alto cargo en la administración, aprovechó su caso para dar a conocer públicamente la existencia de la densidad mamaria y su condición limitante de la sensibilidad mamográfica. Dejó el trabajo que desempeñaba y se dedicó de lleno a su fundación: Are you dense? (¿Eres densa?), para dar a conocer a todas las mujeres con mamas densas, es decir, casi la mitad de la población, su mayor riesgo de padecer un cáncer de mama no detectado con la mamografía.

Entre sus primeros logros, conseguir que en Connecticut los seguros médicos —piensa que en Estados Unidos la sanidad está en manos privadas— incluyeran la ecografía como una prestación complementaria de la mamografía en los casos de gran densidad mamaria. A partir de entonces, los logros fueron llegando uno tras otro, hasta conseguir que en una gran parte de los estados hubiera una cláusula en los informes mamográficos advirtiendo acerca de la densidad mamaria, de los riesgos que implica y de la necesidad, en determinados casos, de complementar el estudio con otras pruebas diagnósticas, como la ecografía o la resonancia magnética.

Con esfuerzo y tesón logró dar a conocer a la población general la importancia de la densidad mamográfica. Pese a caer en alguna imprecisión, del todo normal para alguien sin formación médica, su lucha ha servido para poner el acento en este factor de riesgo que, aunque inevitable, al menos puede ser controlado.

Cappello murió a los sesenta y seis, quince años más tarde de haberle sido diagnosticado el cáncer de mama, por una complicación hematológica.

mamma compressa

LA MAMOGRAFÍA

La mamografía es el principal método diagnóstico por imagen para el estudio de la mama. Emplea un tipo de radiaciones que conocemos como radiaciones ionizantes. A diferencia de las demás radiaciones (la luz visible, los rayos ultravioletas o los infrarrojos), estas tienen tanta energía que pueden romper los enlaces atómicos y separar (pese a que la palabra «átomo», de origen griego, significa «indivisible») las partículas que componen los átomos. En concreto, la mamografía utiliza un tipo de radiaciones ionizantes conocidas como rayos X, que presentan unas propiedades muy especiales. Por una parte, son invisibles, se propagan en línea recta y tienen la capacidad de atravesar la materia. Lo que de entrada podría asustar, en realidad está muy controlado.

Los mamógrafos ya están diseñados para que la mayoría de los rayos X incidan solo en las mamas. Aun así, se produce una mínima cantidad de radiación dispersa alrededor que no justifica por sí sola la necesidad de cubrir con plomo (uno de los pocos materiales que impiden el paso de la radiación y que por ello forman parte del recubrimiento de paredes y puertas de la mayoría de las instalaciones que trabajan con fuentes radioactivas) otras partes del cuerpo como el cuello o el abdomen. Las bandas o collares de plomo para el cuello, utilizados para proteger la glándula tiroides, por ejemplo, pueden llegar a resultar contraproducentes si interfieren en el modo de realizar la técnica, pudiendo impedir la identificación de posibles hallazgos.

Además, presentan otras dos propiedades: la fluorescencia y el efecto fotográfico. Ambas son responsables de obtener la imagen mamográfica. No voy a explicar cómo sucede porque los mecanismos son distintos según el tipo de mamografía. No es lo mismo hablar de mamografías analógicas que de digitales. Las primeras, ya en desuso, son las mamografías en formato de placa radiográfica que los radiólogos debemos estudiar sobre un negatoscopio, esto es, la típica pantalla blanca con luz fluorescente en su interior que aparece colgada en la pared de la sala de urgencias de cualquier serie o película ambientada en un hospital.

Las mamografías digitales se adquieren de otro modo y no utilizan película fotográfica, sino que las imágenes aparecen en unas pantallas enormes que ya forman parte de nuestro lugar de trabajo y donde ya no es necesario dejarse la vista ni utilizar la lupa para detectar lesiones sutiles. Basta con hacer un *zoom* en la zona de la pantalla donde creamos que puede existir algo. Además, tienen mayor resolución de imagen que las analógicas. Por otra parte, el hecho de no utilizar sales de plata ni otros materiales que componen las placas mamográficas, ni ningún tipo de revelador químico, las hacen más sostenibles para el medio ambiente.

Ambos tipos de mamografías comparten, sin embargo, uno de los aspectos peor valorados por la mayoría de las mujeres: la necesidad de comprimir la mama. Por este preciso motivo es aconsejable realizar la mamografía después de la regla, cuando la mama está menos sensible. El hecho de aplastar la mama no es resultado de ninguna mente caprichosa. «Seguro que este aparato lo ha inventado un hombre», suele ser una de las quejas habituales de las mujeres que se realizan una mamografía. La compresión de la mama resulta imprescindible para obtener una imagen más homogénea y nítida, así como para reducir la cantidad de radiación absorbida.

Este detalle es de gran importancia, ya que la última de las propiedades de los rayos X es su efecto biológico: pueden provocar daños celulares que favorezcan la aparición de un cáncer. Es por este motivo por el que hay que tener mucho respeto por la radiación. Pero no miedo. Tanto si te pasas un día entero en el sofá de casa mirando la televisión como si lo dedicas a pasear por el campo, alejado del bullicio de la ciudad, te estás irradiando. Si para llegar a tu destino de vacaciones coges un avión, te estás irradiando. Si vives en una bonita casa de piedra en las montañas o en un suelo granítico, te estás irradiando. En definitiva, no hay que ver siempre la radiación como algo negativo. Forma parte de nuestro entorno, por lo que estamos constantemente expuestos a ella, pero a unas dosis muy bajas.

Sin embargo, al someternos a una prueba de imagen con rayos X, estas dosis se incrementan. La medición de la radiación es un tema muy complejo —empleamos distintas unidades según lo que queremos calcular: la radiactividad de un material, la radiación ambiental, la dosis absorbida o la dosis efectiva—. Además, las dosis atribuidas a cada prueba pueden variar muchísimo según la fuente consultada. Por este motivo no voy a meterme en ningún baile de cifras, pero sí quisiera dejar una cosa bien clara. La dosis de radiación de una mamografía variará mucho según: el tipo de técnica empleada, el número de proyecciones realizadas, el tamaño y la densidad de la mama, y la compresión que se haya aplicado. En general son dosis pequeñas y el riesgo, aunque bajo, existe y no debe ser subestimado —hablaré más adelante al respecto—. Sin embargo, la dosis se multiplica por dos en cada mama, ya que un estudio convencional consta de dos proyecciones craneocaudales en las que se comprime la mama de arriba abajo, y otras dos mediolaterales oblicuas en las que se comprime la mama desde dentro (el escote) hacia fuera. Se necesitan ambas visiones para conseguir una mayor detección y para localizar con mayor exactitud las posibles lesiones y ubicarlas en alguno de los cuatro cuadrantes imaginarios, o bien de las doce franjas horarias, en los que se suele dividir la mama. Así, por ejemplo, el cuadrante superoexterno de la mama derecha incluye la franja horaria de las nueve a las doce horas, mientras que el mismo cuadrante en la mama izquierda incluye la franja de las doce a las tres.

En la mamografía todo se ve en una escala de grises que comprende desde el blanco al negro. El parénquima de la mama (tejido glandular y fibroso) se verá blanco, como la mayoría de las lesiones, mientras que el aspecto del tejido adiposo (grasa) será de un color gris oscuro. Ese el motivo por el que la sensibilidad de la mamografía, es decir, su capacidad para detectar lesiones, disminuye con la densidad y, por tanto, no tiene mucho sentido realizar un estudio mamográfico de rutina a una mujer menor de treinta años. No solo aporta muy poca información, sino que además irradia de un modo innecesario, teniendo en cuenta el riesgo que ello implica. Lo mismo sucede en una mujer que está lactando. No hay inconveniente en realizarle una mamografía, pero toda la leche almacenada en la mama disminuye la sensibilidad de la técnica de un modo considerable.

También disminuye, aunque en menor grado, cuando la mama está edematosa, en los momentos previos a la regla, por lo que se desaconseja realizarla entonces. Además, en tal caso, la molestia por la compresión de la mama es mayor, lo que puede conllevar un cierto movimiento de la mujer y el riesgo de perder calidad en la imagen. En cuanto al embarazo, hay que tener en cuenta un par de aspectos. En primer lugar, si la mujer está embarazada o cree que puede estarlo, debe evitarse la mamografía, por los posibles efectos nocivos de las radiaciones sobre el embrión o feto. Cuanto más avanzada está la gestación, menor es el riesgo. En segundo lugar, cuando la mamografía se considera imprescindible en una gestante, se puede realizar siempre que se proteja la pelvis con un delantal plomado.

A pesar de todo, esta técnica tan solo está contraindicada en mujeres con una gran radiosensibilidad, como las afectas de los extraños xerodermia pigmentosa o síndrome de Li-Fraumeni. La piel de las primeras no puede exponerse ni siquiera al sol, por el riesgo de padecer múltiples tumores cutáneos. En el segundo caso, existe una predisposición genética para desarrollar distintos cánceres, y la exposición a la radiación puede suponer un incremento de este riesgo.

En noviembre de 1895, el físico prusiano Wilhelm Conrad Röntgen (1845-1923) estaba en el laboratorio de su casa cuando descubrió, casi de forma accidental, los rayos X. Los llamó humildemente así y se negó a asignarles su nombre, como hubiera sido lo habitual por aquel entonces, por las grandes dudas e incógnitas que estas radiaciones le generaron. Estuvo más de un mes experimentando con ellas, pero no fue hasta el 22 de diciembre cuando quiso compartir el descubrimiento con su esposa, Anna Bertha Ludwig (1833-1919). Se dice que la mantuvo unos quince minutos quieta con la mano izquierda apoyada sobre una placa fotográfica mientras la exponía a esos flamantes rayos X. El resultado fue asombroso. Las radiaciones atravesaron la mano de la mujer, pero no pudieron con sus huesos ni tampoco con su anillo de boda. La imagen resultante, conocida como la «mano de Bertha», muestra precisamente los huesos de su mano y un artilugio en el dedo anular correspondiente al anillo. Según Röntgen, las primeras palabras pronunciadas por su esposa al contemplar la primera radiografía de la historia fueron: «He visto mi muerte».

La idea antropomórfica de la muerte como un esqueleto humano tiene su origen en la Europa del siglo xv. Son muchas y variadas sus representaciones, según lleve, o no, túnica, guadaña u otros temibles accesorios. Su género, masculino o femenino, también es distinto dependiendo del rincón del mundo donde se produzca. Me imagino que la pobre Bertha, más que sentirse fascinada por el descubrimiento de su marido, no pudo evitar evocar a la muerte —masculina en alemán, por cierto— cuando observó la tétrica apariencia de su mano. No debían de pensar lo mismo algunas damas de la aristocracia, que por entonces pagaban grandes sumas de dinero

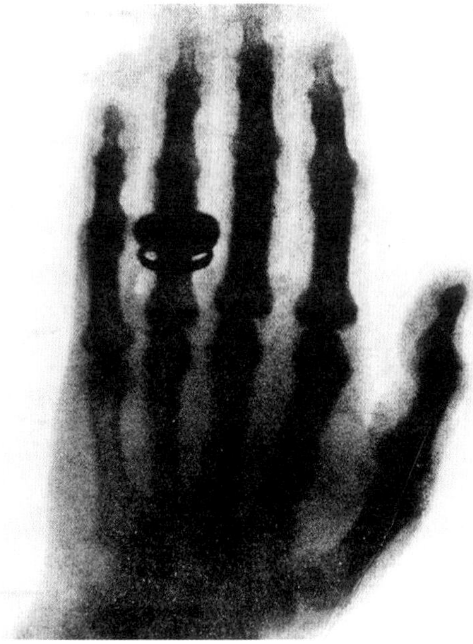

para conseguir que sus manos enjoyadas quedaran retratadas bajo el efecto de aquellos rayos misteriosos. Está claro que las modas raras no son exclusivas de nuestro tiempo.

Pero la muerte no siempre ha sido representada como algo temible o espantoso. Para gustos, los colores. Si hay un claro ejemplo de la escenificación de la muerte como algo bello e incluso cargado de erotismo es la de uno de los personajes más fascinantes de la historia. La que fuera la última reina del Egipto ptolemaico —la dinastía que llevó sus riendas desde que fue conquistado por Alejandro Magno hasta que se convirtió en una provincia más del Imperio romano— ha sido siempre vista con el filtro machista de la historia. La figura de Cleopatra VII (69-30 a. C.) o, simplemente, Cleopatra, ha estado siempre ligada a la de Marco Antonio (83-30 a. C.). La muerte de la que fuera la quinta esposa del militar romano ha ido acompañada siempre de un halo de misterio. La versión tradicional es que se suicidó con la mordedura de un áspid (un tipo de serpiente muy venenosa), pero se han barajado otras muchas posibilidades, como el suicidio con una pócima venenosa o incluso el asesinato.

La primera de las opciones es la que se ha representado un mayor número de veces en el mundo del arte. La muerte de Cleopatra tiene muy poco de tétrico y dista mucho de la imagen que Anna Bertha imaginó en su mente cuando vio la radiografía de su mano. Son muchos los pintores que han utilizado este tema en sus obras y que se han atrevido a mostrar una Cleopatra con los pechos al descubierto. En los escritos de Plutarco (*c.* 46-*c.* 119) se menciona que la reina se hizo morder en su brazo izquierdo por el áspid. Esta versión más o menos oficial puede contemplarse en obras como las de Pierre Mignard (1612-1695) o Louis-Jean-François-Lagrenée (1724-1805). Sin embargo, otros pintores, como Reginald Arthur (1881-1896), Alessandro Turchi (1578-1649) o Antoine Rivalz (1667-1735), prefirieron justificar el desnudo parcial de Cleopatra mostrando el reptil en su pecho. Y otros, como German von Bohn (1812-1899), muestran el áspid en el borde del lecho, sin más detalles acerca de la mordedura fatal.

De todos modos, quisiera destacar *La Mort de Cléopâtre (Muerte de Cleopatra)*, una obra fascinante, cargada de belleza y de sensualidad, pero sin rastro alguno de reptiles. En la pintura del francés Jean-André Rixens (1846-1925) el empleo de la luz —no te olvides de que, al igual que los rayos X, los infrarrojos o los ultravioletas, la luz visible es otro tipo de onda electromagnética— es tan magistral que, de entrada, consigue desplazar toda la atención del observador hacia el cuerpo inerte de la reina egipcia.

No quisiera abandonar la figura de Cleopatra sin mencionar otro de los aspectos por los que se la conoce: los baños con leche de burra. Se han afirmado muchas cosas más o menos creíbles al respecto. Pero lo que está claro es el alto valor nutritivo de la leche de este animal, que por su similitud con la leche humana ha sido ampliamente utilizada, no solo con finalidad cosmética, sino también como sustituto de la leche materna.

mamma secta

AVANCES MAMOGRÁFICOS

Al igual que el resto de los métodos diagnósticos por imagen, la técnica mamográfica presenta un cierto grado de dificultad, ya que son muchos los factores implicados en su realización. Las características intrínsecas de la mama, como el tamaño y la forma, van a condicionar el resultado final. También la colaboración de la mujer es primordial porque no se trata de una prueba cómoda ni agradable. Y, por supuesto, la experiencia del técnico, que en todo momento debe ser consciente de que está manipulando una región anatómica especialmente sensible. Así pues, no es extraño que aparezcan algunos errores. La mayoría de ellos son identificados y subsanados al instante por los propios técnicos. Pero a veces pasan desapercibidos hasta que los radiólogos leen la imagen unas horas o días después, lo que conlleva que se tenga que repetir parte de la prueba. Sin embargo, la mayoría de las veces que te vuelven a citar no son debidas a errores, sino a hallazgos mamográficos dudosos que conviene descartar o confirmar.

Los distintos componentes de la mama se presentan en proporciones variables según cada caso. La incidencia perpendicular de los rayos X sobre la mama tiene como consecuencia que algunas de sus estructuras se superpongan y den lugar a falsas imágenes, algunas de las cuales de aspecto sospechoso. Para salir de dudas, a veces conviene repetir algunas de las proyecciones de un modo distinto, utilizando unos dispositivos para comprimir la mama más pequeños que los habituales (a menor superficie, mayor compresión y probabilidad de desdibujar las falsas imágenes), o bien colocando una plataforma para acercar la mama a la fuente emisora de radiación y así conseguir un efecto lupa para optimizar la imagen. En el caso de que el hallazgo en cuestión persista y se demuestre que es real, habrá que completar su estudio con otras pruebas que describiré más adelante.

Avances tecnológicos como la inclinación del tubo emisor de rayos X hacia un lado u otro han permitido la obtención de una mayor cantidad de información que con el disparo único perpendicular habitual. Para entenderlo mejor, imaginemos una loncha de salchichón (equivalente a una proyección mamográfica) en la que nos interesa identificar los diferentes componentes, como el tocino, la parte magra e incluso algún grano de pimienta. Resulta fácil entender que el salchichón entero será más representativo que una simple loncha, pero no será posible diferenciar los distintos elementos que lo componen a no ser que cortemos la pieza de embutido.

Este mismo fundamento se da en la tomosíntesis *(tomos* significa «corte» en griego) o mamografía tridimensional o mamografía en 3-D, capaz de cortar la mama en decenas de secciones milimétricas, lo que permite detectar cualquier detalle con mayor precisión. Si, tal y como comenté en el capítulo previo, el radiólogo debe interpretar cuatro imágenes, como mínimo, por individuo, ahora son más de doscientas, que van transcurriendo en la pantalla como si de una película se tratara. Además, la mayoría de los dispositivos de tomosíntesis permite, mediante una serie de algoritmos, crear, es decir, sintetizar, una imagen única resultante de la suma de todos los cortes de cada proyección, sin radiación añadida y con un aspecto prácticamente igual que el de una mamografía bidimensional convencional. Con la tomosíntesis vamos a detectar más lesiones, pero a expensas de un discreto incremento de la radiación. Aun así, esta será menor que la empleada para realizar una mamografía analógica.

La mayoría de las veces los términos «tomosíntesis» y «mamografía» se equiparan porque, de hecho, más que una técnica nueva, la tomosíntesis es una evolución de la mamografía digital, al igual que esta lo fue de la mamografía analógica.

Otra técnica más o menos reciente, pero que, sin embargo, no se ha extendido tan rápidamente como la tomosíntesis, es la mamografía con contraste. El hecho de inyectar un contraste endovenoso (compuesto por yodo) consigue una mayor detección que la mamografía convencional e incluso que la tomosíntesis por sí solas. Sin embargo, a diferencia de estas, se trata de una prueba invasiva, con lo que su uso debe ser restringido a unos casos muy concretos que el radiólogo deberá valorar.

En definitiva, pese a los grandes avances tecnológicos que han permitido progresar en la detección del cáncer de mama y en la ergonomía de los equipos, cada vez más confortables, los fundamentos básicos de la imagen mamográfica no han cambiado tanto. ¡Y tampoco la compresión de la mama!

El filósofo francés Jacques Derrida (1930-2004) propuso en los años sesenta una nueva metodología de análisis que consistía en descomponer los detalles de un pensamiento para reorganizarlos y construir otros. La deconstrucción —así la denominó— fue enseguida asumida por otros campos, como la literatura o la arquitectura. Según una entrevista publicada en 1995 en *El País*, fue precisamente un amigo arquitecto quien dio la idea al prestigioso cocinero catalán Ferran Adrià (1962) de nombrar así a lo que, en un principio, este había llamado *descomposición* (nombre que sonaba a podrido) y posteriormente *reconvertido* (adjetivo que resultaba un tanto forzado). Se trataba de una deconstrucción de un arroz a la cubana, uno de los típicos platos de la cocina española, que precedió a la de la tortilla de patatas que le hizo tan famoso, con polémica incluida, en todo el planeta. El resultado fue en ambos casos unos platos visualmente irreconocibles, pero que al llegar a la boca se fundían en un conjunto armónico de sabor perfectamente reconocible.

El origen del arroz a la cubana, compuesto por arroz blanco hervido, salsa de tomate, huevo y plátano frito, no se conoce con exactitud. Como tampoco se sabe el origen de la práctica sexual conocida con el gentilicio de la isla caribeña y que probablemente tuviera su origen en los tiempos en que Cuba fue una colonia española. Es curiosa la afición extendida por nombrar las prácticas sexuales con gentilicios, como el francés o el griego, por ejemplo. Y más interesante todavía que, por ejemplo, la cubana (masturbación o coito intermamario) se conozca en países de nuestro entorno como la española.

En lugar de polemizar con el origen de estas peculiares denominaciones, quisiera retomar el hilo de la deconstrucción. Esta vez, sin embargo, en relación con el arte, y de la mano de un artista contemporáneo al que no le incomoda para nada la polémica: el inglés Damien Hirst (1965). Hirst es uno de los artistas vivos mejor pagados de la historia. Sus obras, cargadas de lo que él mismo denomina lenguaje visual (la idea es hacer aflorar sentimientos y emociones interiorizadas de las que uno no es siempre consciente), generan atracción y rechazo casi por igual. El tiempo que transcurrió en la Escuela de Anatomía de Leeds lo marcó de tal forma que en varias de sus obras sumerge a sus protagonistas animales en tanques con formaldehído, un líquido conservante con un olor característico muy penetrante.

Me quedo con una de ellas, que me recuerda a la tomosíntesis y cuyo título es un tanto peculiar, *Some comfort gained from the acceptance of the inherent lies in everything (Se obtiene algún consuelo al aceptar las mentiras inherentes a todo)*, y muestra dos vacas muertas, diseccionadas con gran precisión en doce partes, cada una de las cuales se encuentra en el interior de un tanque de cristal y acero con forma de prisma rectangular, de dos metros de alto, uno de largo y medio de ancho, repleto de formaldehído. Las doce piezas están dispuestas como las fichas de un macabro dominó, entre las cuales uno puede pasear mientras contempla la anatomía desordenada (los fragmentos no son correlativos) de ambos animales.

Para entender la superposición de las estructuras mamarias, responsables de una gran parte de los hallazgos falsamente sospechosos y que la tomosíntesis suele desenmarañar, puedes fijarte en otra obra de Hirst. Se trata de un busto realizado en oro, plata y turquesas de la diosa egipcia Hathor. La que fue la madre simbólica de los faraones y diosa del amor suele representarse como una vaca o bien como una mujer con un tocado de cuernos de vaca y un disco solar entre ellos. La Hathor del artista inglés se trata en realidad de una figura ecléctica que tan solo comparte con la diosa el peinado y el tocado. Su torso desnudo con los brazos amputados y asimétricos recuerdan al de la Venus de Milo. Sus alas predominantemente turquesas coinciden con las de la diosa Isis. Y su rostro tiene un gran parecido con el de... ¡Kate Moss! (1974). A la supermodelo, inglesa como Hirst, se la ha visto a menudo participando en varias campañas contra el cáncer de mama. Además, ha posado desnuda en numerosas ocasiones, luciendo un magnífico lunar —¿o tal vez sea un pezón supernumerario?— en su pecho derecho.

mamma humida

LA ECOGRAFÍA

Existen algunos casos concretos en los que no se aconseja realizar una mamografía. Pero ¡cuidado!, esto no significa que esté contraindicada. Una mujer menor de treinta años y una mujer lactante son dos claros ejemplos. Estas dos mujeres no se benefician de una mamografía por su, más que probable, densidad mamaria elevada. Este hecho disminuye la sensibilidad de la técnica (es más probable que una lesión quede oculta) y supone una exposición innecesaria a los rayos X. Cuanto más joven y densa es la mama, mayor es el efecto nocivo de la radiación sobre esta.

En estos dos supuestos resulta muy útil otra prueba diagnóstica, llamada ecografía, que en lugar de utilizar rayos X emplea ultrasonidos. Estas ondas mecánicas son casi idénticas a las ondas audibles, pero los humanos somos incapaces de reconocerlas. Vibran a unas frecuencias muy superiores a los 20 kHz que llegan a apreciar nuestros oídos en el mejor de los casos. Son inocuos y, de hecho, son los mismos que empleamos durante el embarazo para comprobar el desarrollo adecuado del feto y, por supuesto, para determinar su sexo.

Si cuando realizamos una mamografía es necesario comprimir la mama, la ecografía nos exige embadurnarla muy bien con una solución acuosa para facilitar la transmisión adecuada de los ultrasonidos desde la sonda o transductor. Este pequeño aparato que el médico o el técnico apoya sobre la mama consta de unos diminutos cristales llamados piezoeléctricos. La corriente eléctrica los hace vibrar, y las oscilaciones generan ultrasonidos. Estos atraviesan las diferentes estructuras de la mama y luego se reflejan en mayor o menor medida según los obstáculos con los que se hayan topado en el trayecto, de un modo similar al del eco que se produce cuando gritamos contra una pared. Estos ultrasonidos rebotados hacen vibrar de nuevo los cristales de la sonda, que entonces producen unas señales eléctricas en forma de rayas blancas, grises y negras, similares a las de las películas X que Canal + emitió codificadas durante muchos años.

Existen transductores distintos según las frecuencias con las que emiten los ultrasonidos. Si son altas, conseguimos una gran resolución de imagen, pero no podemos atravesar estructuras profundas, ya que los ultrasonidos se dispersan con facilidad. Y justo todo lo contrario sucede con las frecuencias bajas. Así pues, la sonda que utilizamos para la mama (con frecuencias altas) no podemos emplearla para, por ejemplo, estudiar los riñones o cualquier otro órgano del abdomen, más profundos.

La gran ventaja de los ultrasonidos es que no se afectan por la densidad mamaria y, por este motivo, no solo son útiles como sustituto de la mamografía en los dos supuestos mencionados en el inicio del capítulo, sino también como complemento de esta cuando nos encontramos con una mama muy densa, o bien simplemente ante cualquier hallazgo detectado, ya que la ecografía nos ofrece más detalles que pueden ayudar al diagnóstico.

Más adelante veremos las diferentes manifestaciones del cáncer de mama. Hay una de ellas que, sin embargo, se identifica mucho mejor en la mamografía que en la ecografía. Las calcificaciones son unos puntitos diminutos de calcio muy difíciles de detectar con ultrasonidos. Por eso no debemos caer en la tentación de pensar que la ecografía es mejor que la mamografía. La puede sustituir en algunos casos, pero en la mayoría de las ocasiones lo que hace, en realidad, es complementarla.

La ecografía mamaria también presenta algún que otro inconveniente. Tal vez incrementa el número de lesiones detectadas, pero a veces es difícil etiquetar estos nuevos hallazgos como benignos o sospechosos solo con las características ecográficas, lo que nos obliga, a menudo, a biopsiarlas. No obstante, cabe decir que los equipos de ultrasonidos actuales constan cada vez con más herramientas que nos facilitan el diagnóstico y optimizan la indicación de las biopsias. Algunos ejemplos son los transductores de frecuencias muy altas, que producen imágenes con una gran resolución; los mapas de vascularización, que nos permiten detectar pequeños vasos sanguíneos mediante el efecto Doppler (el mismo que nos permite distinguir con los ojos cerrados si la sirena de una ambulancia se acerca o se aleja de nosotros), o los mapas de elasticidad, que nos indican la rigidez de la lesión (propiedad que, como regla general, se asocia a malignidad).

La ecografía mamaria es una técnica cómoda y en general rápida. Nos ofrece, además, un contacto directo con la persona explorada, lo que nos posibilita la inspección visual o incluso la palpación de las mamas. Sin embargo, es una técnica que depende mucho de la destreza del profesional que la realice. Para disminuir esta subjetividad, en algunos lugares se emplea la ecografía automatizada. En estos casos, el técnico realiza varios barridos por diferentes regiones de la mama con un transductor enorme. Con todo ello se logra un número considerable de imágenes que se transmiten a una estación de trabajo, donde, a continuación, el radiólogo las visualiza y establece el diagnóstico.

Los rayos X y los ultrasonidos no solo tienen utilidad en la medicina. En el mundo del arte, por ejemplo, la aplicación de los rayos X ha revelado auténticas sorpresas ocultas detrás de algunas reconocidas pinturas. Así, por ejemplo, *El viejo guitarrista ciego*, de Pablo Picasso, esconde varios temas distintos (entre ellos, la figura de una mujer) detrás de las tonalidades azules de un triste mendigo. Y es que muchos de los pintores más cotizados no lograron disfrutar en vida de las cantidades ingentes de dinero pagadas en la actualidad por sus obras. Más bien pasaron verdaderos apuros económicos, lo que motivó en numerosas ocasiones el reaprovechamiento de los lienzos. Gracias a la tecnología con rayos X, cada vez son menos los secretos escondidos durante siglos tras capas de pintura examinadas previamente y en vano por millones de ojos.

Los ultrasonidos, en cambio, son empleados por los restauradores para limpiar los depósitos superficiales de suciedad que a lo largo del tiempo se van acumulando en la superficie de las obras de arte. No es extraño que ese lavado de cara en manos de profesionales dé como fruto alguna sorpresa inesperada, como en el caso de *Bacco*, pintado a finales del siglo XVI por Michelangelo Merisi da Caravaggio (1571-1610), más conocido por Caravaggio. La restauración de esta obra desveló que en la jarra de vino del rincón inferior izquierdo del cuadro aparece el retrato del mismísimo maestro del Barroco italiano.

Pero voy a comentar otros aspectos de esta fascinante obra que está protagonizada por un Baco con poco semblante de dios romano del vino (básicamente unas cuantas hojas de parra en la cabeza), y más semejante a un joven (probablemente Mario Minniti [1577-1640], alumno privilegiado con el que Caravaggio compartía, al menos, una gran amistad) en un estado incipiente de ebriedad, delatado por sus colorados rostro y manos. Estos contrastan con la blancura de su torso derecho desnudo, donde el realismo de su pecho lampiño (el pezón pintado parece fotográfico) y de su brazo musculoso aportan cierto componente erótico a la obra. Pero no podemos pasar por alto otros detalles de *Bacco*, como son las frutas marchitas que aparecen en un centro, las uñas negras de sus dedos y la posición tan incómoda del modelo, sujetando una copa de vino con la mano izquierda y que muchos expertos atribuyen a que Caravaggio se pintó a sí mismo (pero con el rostro de su pupilo) a partir de un complejo sistema de espejos. Aunque uno también se podría preguntar si este

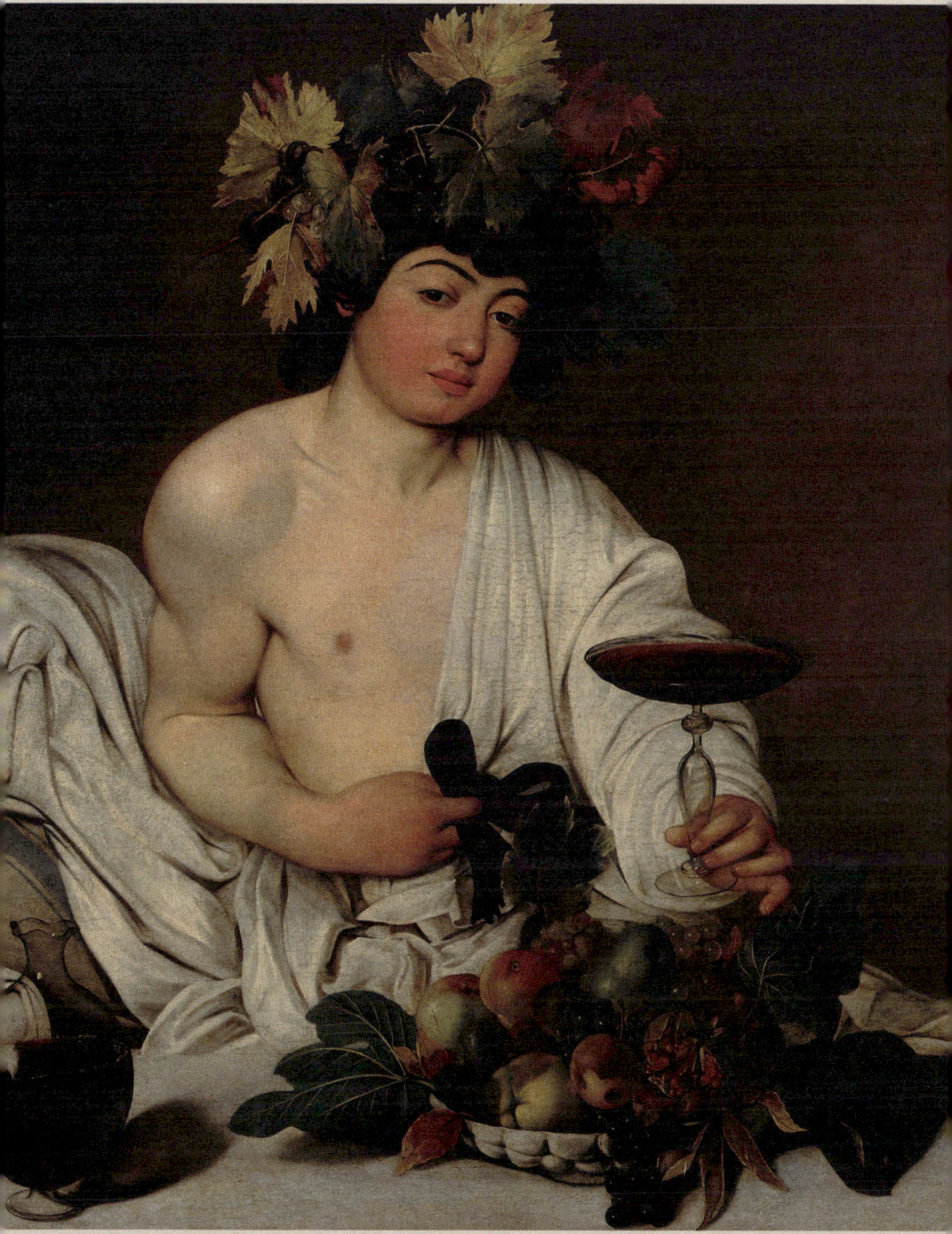

dios tan humano fuera zurdo. En todo caso, las ondas concéntricas que aparecen en el vino de la copa que sujeta podrían denotar cierta falta de equilibrio, debida a una posición incómoda o bien a los primeros efectos del líquido rojizo en el organismo.

Por último, y hablando de copas, quisiera comentar una anécdota curiosa acerca del origen de la forma de la copa aplanada de *champagne*. Si bien se suele atribuir al rey francés Luis XVI (1754-1793), que según la leyenda mandó realizar un molde con la forma y el tamaño del pecho de su esposa María Antonieta (1755-1793), parece más realista la versión de que una fábrica francesa de vidrio se inspiró en los pechos de la modelo americana Lee Miller (1907-1977), que su amante, el artista visual Man Ray (1890-1976), incluyó en numerosas ocasiones en sus fotogramas surrealistas bautizados por él mismo como *rayogramas*. En todo caso, copas con la forma de una mama han existido desde la Antigüedad, siendo tal vez las *mastoi* («pechos», en griego) las más conocidas. De forma cónica, sin tallo ni pie, solían tener dos asas para sujetarlas y, en su porción más inferior, un pezón.

mamma per scriptum

LOS INFORMES DE LAS PRUEBAS MAMARIAS

Una vez realizada una mamografía o una ecografía, el radiólogo debería realizar un informe descriptivo de los hallazgos que, junto con las imágenes del estudio, son siempre propiedad de la mujer. Son sus datos, aunque esto no implica la necesidad de entregarle siempre el informe con las imágenes, debido al coste de tiempo y recursos que ello supondría. La mayoría de las veces las imágenes se almacenan en sistemas informáticos conocidos como PACS (Sistema de Comunicación y Archivo de Imágenes, por sus siglas en inglés), mientras que los informes se almacenan en los HIS (Sistema de Información del Hospital, por sus siglas en inglés) o RIS (Sistema de Información Radiológica, por sus siglas en inglés). Desde allí, son muchas las formas de extraer la información cuando se considere necesario.

En todo caso, en un informe debe constar siempre la técnica que se ha realizado. Así, por ejemplo, el hecho de que se nos entreguen unas mamografías en formato de película o placa no implica que tengan que ser necesariamente analógicas, ya que las mamografías digitales pueden imprimirse en formato placa a efectos prácticos. Pero hay que tener una cosa muy clara: las imágenes de un cedé o de una mamografía digital impresa no pueden ser utilizadas para llevar a cabo un diagnóstico. Recordad que el diagnóstico mamográfico solo puede hacerlo el radiólogo con unas pantallas gigantes especiales con mucha resolución de imagen. Para la interpretación de la imagen ecográfica, en cambio, no es necesaria tanta resolución de imagen y puede realizarse desde el monitor de cualquier ordenador.

En cuanto a la forma de describir los hallazgos o de dar los resultados existe un gran abanico de posibilidades según quien los redacte. Existen radiólogos escuetos, amantes de los haikus (esos poemas japoneses compuestos por tres versos) y los hay que se extienden como Pablo de Tarso (*c.* 5-*c.* 65) y sus trece cartas del Nuevo Testamento. Durante los años ochenta, la iniciativa del American College of Radiology de estandarizar la nomenclatura utilizada en los informes mamográficos dio lugar a una herramienta muy útil conocida como BI-RADS® (Sistema de Reporte y Base de Datos de Imágenes Mamarias, por sus siglas en inglés), que nos permitió no solo entendernos entre todos los radiólogos al utilizar un lenguaje común, sino también determinar la probabilidad de que los hallazgos descritos correspondieran o no a un cáncer de mama. Desde su origen, ya son varias las versiones BI-RADS® publicadas. Y es que con los años se actualizan algunos conceptos y también se incorporan nuevas herramientas diagnósticas. Así, por ejemplo, en las últimas ediciones se recogen no solo la nomenclatura de la mamografía, sino también la de la ecografía y la de la resonancia magnética mamaria. La última técnica cuyo léxico se ha incorporado es la mamografía con contraste.

Este sistema no es el único existente, pero sí el más extendido en todo el mundo.

Tras la descripción de los hallazgos es muy probable que al final del informe y, a modo de conclusión, aparezca una categoría BI-RADS® con un número del 0 al 6 asociado. Veamos qué significa.

Una categoría 1 significa que el estudio es negativo. Una categoría 2 considera la existencia de hallazgos claramente benignos. En definitiva, ambas categorías vienen a decir que el estudio es totalmente normal y que no hay motivo alguno para preocuparse.

La categoría 3 implica que el hallazgo es probablemente benigno, pero no se puede asegurar del todo y existe una probabilidad mínima (inferior al dos por ciento) de que no lo sea. Con este resultado la mayoría de las veces bastará con hacer un seguimiento estricto que implicará controles avanzados.

La categoría 4 sugiere sospecha de malignidad. Pero es tanta la variabilidad (entre el dos y el noventa y cuatro por ciento) que la última versión subdivide esta categoría en tres: *a* (entre el dos y el diez por ciento), *b* (entre el once y el cincuenta por ciento) y *c* (entre el cincuenta y uno y el noventa y cuatro por ciento). Ante estos casos de sospecha, no basta con hacer un seguimiento estricto, sino que debe practicarse una biopsia de la lesión que nos confirme el diagnóstico.

La categoría 5 implica una sospecha todavía mayor (igual o superior al noventa y cinco por ciento), con lo que la biopsia está todavía más justificada.

La categoría 6 es poco frecuente. La aplicamos cuando ya sabemos que el hallazgo en cuestión es un tumor maligno. Si acudo a un centro diagnóstico y me hacen la biopsia de una lesión con el resultado de cáncer, por ejemplo, y acudo entonces a otro centro para tratarme, es posible que allí me sigan haciendo más pruebas o incluso que me repitan alguna de ellas. Una nueva mamografía tendría que ser catalogada con esta categoría.

Cuando el radiólogo se encuentra con que no puede escribir una conclusión porque la mamografía demuestra algo incierto (ni clara o probablemente benigno, pero tampoco sospechoso) utiliza la categoría 0. En este caso, habrá que repetir la mamografía con alguna proyección distinta o bien completar el estudio con una ecografía. También se puede utilizar esta categoría si el radiólogo sabe de la existencia de mamografías previas, aunque no disponga de ellas en ese momento. Basta con que la mujer busque esas mamografías anteriores y las remita al radiólogo (no al ginecólogo) para que este pueda compararlas y emitir entonces un informe concluyente o, lo que es lo mismo, con una categoría distinta a 0.

Sabemos que volver a citar para realizar nuevas pruebas no es bueno para nadie. Ni para la mujer, a la que puede generar cierta ansiedad, ni para el sistema sanitario, ya de por sí saturado en cuanto a medios y recursos económicos. Por eso, todas las maniobras que supongan disminuir las recitaciones deben ser bienvenidas. Y la más fácil de todas es llevar siempre que sea posible las mamografías anteriores (las imágenes siempre mejor que los informes) cuando se acuda a realizar una prueba. Sobre todo, si el centro sanitario al que se acude es distinto al habitual.

Por último, conviene aclarar que el sistema BI-RADS® es un proceso dinámico, aunque muy lento, que puede variar de una versión a otra, de un año a otro. Precisamente por este motivo sería útil que en los informes de cualquier prueba diagnóstica por imagen constara un glosario con la clasificación vigente en ese momento, del mismo modo que en un análisis de sangre, por ejemplo, constan entre paréntesis los valores de referencia.

Según el escritor estadounidense Truman Capote (1924-1984), «el mayor placer de la escritura no es el tema que se trata, sino la música que hacen las palabras». Vamos a fijarnos, pues, en las notas de esa música, las letras, algunas de las cuales guardan un gran parecido con las mamas.

La letra *theta* (pronunciada como la última letra zeta del abecedario español) es la octava letra del alfabeto griego. Aparentemente, no guarda ninguna relación etimológica con la teta que todos conocemos y que en griego es *masto* (como el vaso cónico descrito en un capítulo anterior; de ahí, términos como «mastalgia» o «mastodonte»*), pero, de algún modo, sí que existe cierta similitud. En su origen, se representaba como un círculo con una cruz en su interior. Su representación actual (θ en minúscula y Θ en mayúscula) es la de

* Mastodonte: animal prehistórico de tamaño algo inferior al del mamut, herbívoro y dotado de unos voraces dientes *(odóntos)* con forma de pecho con los que podía destrozar ramas de gran tamaño y hasta troncos.

un círculo más o menos estilizado con una raya central o incluso un punto, lo que algunos vemos —probable defecto profesional— como una mama. La *theta*, bien sea en su forma minúscula o mayúscula, se utiliza en diferentes ramas científicas como abreviatura de multitud de variables. Además, esconde un significado simbólico algo inquietante en relación con una peculiaridad del idioma griego, que utiliza las mismas letras del alfabeto para designar a los números ordinales (Cleopatra VII, por ejemplo, se traduciría en griego como Κλεοπατρα Ζ´, donde el acento, llamado *keraia*, diferencia la letra Z *(dseta)* del ordinal 7.ª). La letra *theta*, que representa el número 9, se utilizó durante mucho tiempo como símbolo de la muerte (Θανατος, *thanatos)* y por ese motivo no era un número muy apreciado. Los más supersticiosos preferían representar el ordinal Θ´ (9.º) como ΔΕ´ o ΕΔ´ (4.º+ 5.º o 5.º+ 4.º).

Otra letra griega cuya representación se parece a dos pechos es la forma minúscula de la *omega* (ω), que nada tiene que ver con la forma mayúscula, emblema de una conocida empresa relojera suiza. La última letra del alfabeto griego se pronuncia como una o.

La duplicación de esta vocal adopta una morfología similar a la de dos mamas. No es una combinación muy común en español, y cuando no se trata de la conjugación peculiar de algún verbo (como «aproo», del verbo aproar), de una palabra con algún prefijo acabado en -o (como «coordinación») o de la combinación de un verbo con algún pronombre (como «dándooslo»), suelen ser palabras de origen griego y en relación con la ciencia. Un bonito ejemplo sería la rama de la biología que estudia a los mamíferos y que se denomina mastozoología.

Si, por otra parte, ligamos las dos oes, obtendremos la figura geométrica de un ocho horizontalizado, descrita en 1694 por el matemático suizo Jakob Bernoulli (1655-1705) como una variación de la elipse a la que bautizó como lemniscata. Lo curioso del caso es que, cuarenta años antes, otro matemático, el inglés John Wallis (1616-1703), se sacó de la manga una figura muy parecida (∞) para describir por primera vez el infinito, y los expertos todavía no se han puesto de acuerdo acerca de dónde surgió dicho símbolo.

Pero no todo lo referente a la mama tiene una forma redondeada. Y si no, basta fijarse en uno de los tres sistemas de escritura que utilizan los japoneses: el kanji. El carácter para madre es en cierta forma similar al de mujer, pero adaptado con algunos trazos más para que queden patentes —al menos en mi imaginación— dos pechos cuadrados, con pezones incluidos.

女	母
Mujer	***Madre***

mamma puncta

LA BIOPSIA

Ante la mínima sospecha que nos depara un hallazgo mamográfico o ecográfico, no podemos quedarnos con los brazos cruzados. Necesitamos saber de qué se trata y, afortunadamente, no suele ser una tarea muy compleja. Hasta hace unos años, ante cualquier sospecha radiológica era común realizar una biopsia quirúrgica. Se trataba de un proceso muy agresivo que a menudo implicaba reintervenir una o varias veces, según el resultado, con las consiguientes complicaciones. No solo las quirúrgicas, sino también las asociadas a la anestesia general. Afortunadamente, el escenario ha cambiado, y solemos evitar las biopsias quirúrgicas, aunque sigan realizándose en situaciones muy concretas. Llamamos maniobras intervencionistas a aquellas capaces de extraer parte de una lesión —¡o toda ella!— sin necesidad de cirugía.

La principal herramienta intervencionista de la que disponemos es la biopsia. Se basa en extraer con una aguja gruesa varias muestras de forma cilíndrica de la lesión. Por este motivo se denomina biopsia con aguja gruesa o BAG. Algunas veces se utiliza el término inglés *core* («sacar el centro») biopsia. El número de cilindros y el tamaño de las agujas varía según las consideraciones del radiólogo. La mayoría de las biopsias no suelen ser muy dolorosas, pero para hacerlas todavía menos molestas, se inyecta un anestésico local en la zona. La mayoría de BAG se realizan bajo guía ecográfica. Es un procedimiento rápido y relativamente cómodo para todos. Una vez finalizado el procedimiento, no se requiere sutura alguna. Basta con ejercer cierta presión manual durante unos pocos minutos y un apósito compresivo en la zona durante varias horas. Las principales complicaciones posibles son: dolor, sangrado (que suelen ceder rápidamente con las maniobras de compresión), hematoma (subcutáneo: el típico cardenal; o profundo: una bolsa con sangre en su interior que el mismo organismo suele reabsorber poco a poco) y, muy raramente, infección de la herida. No te olvides de advertir previamente si estás tomando alguna medicación anticoagulante o si presentas una alteración en la coagulación de la sangre, para minimizar estas complicaciones.

Una vez finalizada la extracción de las muestras, estas se remiten al servicio de anatomía patológica. Allí se procesan en cortes finísimos que se depositan sobre unas láminas rectangulares de vidrio, conocidas como portas, y se tiñen con diferentes colorantes. Una vez listas para ser visualizadas en el microscopio, los patólogos las examinan e interpretan ofreciendo el resultado histológico *(histos* significa «tejido» en griego).

Como ya he mencionado al inicio, la biopsia guiada con ecografía es la más cómoda y fácil de realizar. Sin embargo, no todos los hallazgos de la mamografía se identifican bien con la ecografía. Este es el caso, por ejemplo, de las calcificaciones sospechosas que se hallan en la mamografía. A menudo, al no ser visibles en la ecografía, tienen que biopsiarse de otro modo. Lo mejor es acoplar un dispositivo especial en el mamógrafo o utilizar unas mesas adaptadas con el tubo de rayos X ya incorporado en las mismas. A estas biopsias las conocemos con el término de origen griego *estereotaxia*. Se basan en la obtención de dos mamografías con ángulos opuestos para así determinar, gracias a un cálculo trigonométrico, las tres coordenadas espaciales que nos permiten localizar las calcificaciones, en este caso, y conocer su profundidad.

Si las calcificaciones o cualquier otro hallazgo han sido detectados con la tomosíntesis, se podrán biopsiar con unos sistemas adaptados a estos aparatos. En todos estos casos, en los que la ecografía no nos resulta demasiado útil, se puede realizar una BAG, pero es mucho más recomendable otro sistema de extracción conocido como biopsia asistida por vacío (BAV).

La BAV, gracias a un dispositivo generalmente externo, permite aspirar al mismo tiempo que se obtienen las muestras, siendo estas más fáciles de obtener (la aguja, una vez dentro, va rotando en el sentido de las agujas del reloj) y, en general, de un calibre mayor. El único inconveniente de la BAV con respecto a la BAG es que es más fácil que se produzca un hematoma. Sin embargo, al disponer de un sistema de vacío, se podrá aspirar y evacuar durante el mismo procedimiento (siempre que no produzca de forma tardía, claro, ya que a veces sucede horas después de la biopsia). De ahí la recomendación de evitar esfuerzos o movimientos bruscos con el brazo del mismo lado que la zona biopsiada durante al menos unas horas. Cada vez son más frecuentes también las BAV guiadas con ecografía con intención curativa, pues permiten la exéresis completa de lesiones de pequeño tamaño sin necesidad de pasar por el quirófano.

Por otra parte, no debe considerarse del todo extraño que el resultado de una BAG pueda ser insuficiente. A veces no resulta fácil extraer una buena muestra y el patólogo no puede asegurar un diagnóstico preciso. Por ello es imprescindible que tras el resultado de una BAG exista una buena correlación radiopatológica. El radiólogo debería revisar el resultado histológico antes de emitir un informe definitivo con el resultado final en el que haga constar la existencia o no de una buena correlación. Si esta no existe o el resultado histológico es insuficiente, habrá que repetir la biopsia. Las repeticiones suelen realizarse con agujas de mayor calibre que la utilizada en la ocasión anterior o bien con una BAV, para así obtener una muestra mayor.

Por último, quisiera mencionar otra técnica percutánea que, si bien ya no se utiliza en el diagnóstico de lesiones sospechosas, todavía se realiza en dos contextos clínicos concretos. La punción-aspiración con aguja fina o PAAF tan solo requiere una aguja intramuscular (la típica empleada en las inyecciones) para su realización. No es necesario aplicar anestésico local porque, a diferencia de la biopsia, la aguja es muy fina y, de hecho, tiene el mismo calibre que la aguja con la que se inyecta la anestesia. En definitiva, un pinchazo es mejor que dos. En todo caso, puede ser de ayuda aplicar anestésico local con la ayuda de un espray muy frío. Utilizamos la PAAF para evacuar quistes de gran tamaño o que están a tensión, por lo que pueden resultar muy molestos, o simplemente para averiguar si pequeñas lesiones son líquidas (no será un hecho importante) o sólidas (sí lo será, porque van a requerir al menos un seguimiento). También se puede practicar una PAAF para aspirar el contenido de un ganglio axilar sospechoso y descartar de este modo su afectación por células tumorales.

Este acceso relativamente fácil a cualquier hallazgo mamario sospechoso ha contribuido, sin duda, a mejorar los diagnósticos (podemos tipificar lesiones de muy pequeño tamaño detectadas con métodos de imagen cada vez más sofisticados), los tratamientos (podemos conocer el tipo de tumor antes de operarlo e incluso iniciar un tratamiento quimioterápico antes de pasar por quirófano) y a disminuir notablemente el número de intervenciones quirúrgicas innecesarias, con todas las ventajas que ello supone.

Admitámoslo. Las agujas, si no se tiene en cuenta a los individuos con preferencias masoquistas, no suelen gustar a demasiada gente. Sin embargo, una cosa es el rechazo, hasta cierto punto normal, y otra es el miedo desproporcionado que un pequeño —aunque difícil de precisar— porcentaje de la población sufre a las agujas. Los nombres de este trastorno pueden ser varios, según el matiz del objeto desencadenante del miedo y que a veces puede resultar difícil de concretar. Así, por ejemplo, si son elementos punzantes, hablamos de belonefobia; si son inyecciones, tripanofobia; si son objetos puntiagudos, aigmofobia. Ante este terrorífico panorama me surge una duda. ¿Qué sucede con las personas que tienen un miedo irracional a los cactus? ¿Acaso son belonefóbicos porque tienen miedo a pincharse o aigmofóbicos por el miedo a sus espinas? Ante la duda, y aunque no tengo muy clara la exactitud del término, parece ser que se los puede denominar «cactosofóbicos».

La relación entre los cactus y la mama es más estrecha de lo que pueda parecer. Estas plantas forman parte de las conocidas como plantas suculentas o crasas, llamadas así porque alguno de sus componentes es muy carnoso, dada su capacidad para retener gran cantidad de agua. Valga, por ejemplo, el famoso aloe vera. Esta propiedad les va a permitir sobrevivir en terrenos especialmente áridos, como, por ejemplo, México, donde los cactus forman parte incluso de su bandera. De todas las especies del mundo, casi la mitad se encuentran en este país norteamericano. Testimonio de ello es la muestra de cactus mexicanos que aparecen en un maravilloso cuadro de Frida Kahlo (1907-1954) titulado *Un abrazo de amor del Universo, la Tierra (México), yo, Diego y el señor Xólotl.* Cargado de abrazos y de simbolismos, quisiera destacar —perdón por el sesgo— las tres representaciones mamarias que figuran en la obra. De uno de los pechos de Frida, ocultos por un vestido rojo, parece brotar sangre. Diego Rivera (1886-1957) se representa como un niño desnudo con un ojo en la frente y ¡con ginecomastia! y, abrazando a ambos, hay una figura de piedra con el rostro de Frida y pechos terriblemente agrietados, de cuyo pezón izquierdo brota una gota de leche.

Los cactus, sin embargo, a diferencia de las otras familias de suculentas, no tienen hojas, pero sí una estructura especializada que comparte nombre con la piel coloreada u oscurecida que rodea el pezón. Las areolas de un cactus son esos puntos más oscuros repartidos por su superficie y de donde se originan espinas, flores o incluso pelos. Estos últimos se llaman tricomas.

Existen más de 200 géneros de cactus, pero quisiera centrarme en dos de ellos. El género con mayor número de especies es el *Mam-*

millaria. Fueron denominados así por Carlos Linneo, por su aspecto característico con protuberancias *(mammilla*, mama pequeña), de donde se originan las areolas. Son más bien globulosos y no suelen superar el medio metro de altura. Pueden ser únicos o agrupados en un número variable. Por otra parte, están los cactus del género *Myrtillocactus*, que incluye muchas menos especies, y que deben su nombre a los arándanos o mirtillos, ya que sus frutos son muy parecidos a estos y, además, comestibles. Estos pueden alcanzar una altura considerable y, en el caso de que florezcan, sus flores son perfumadas. Pero hay una extraña variedad dentro de la especie el *Myrtillocactus geometrizans*, creada por unos cultivadores japoneses y denominada con un nombre tan simple como *Fukurokuryuzinboku*. Su principal peculiaridad, que la hace tan preciada, es que está constituida por múltiples formaciones que presentan un parecido increíble con unas mamas de perfil. Y si además tenemos en cuenta que puede alcanzar varios metros de altura, la impresión de encontrarse enfrente de uno de ellos debe de ser tremenda.

Por cierto, se me acaba de ocurrir que, si no te acaban de gustar los cactus, pero tampoco te disgustan los pinchos, tal vez padezcas tripofobia: miedo o repulsión a los patrones geométricos repetidos y muy próximos entre ellos.

mamma incerta

LESIONES CON POTENCIAL MALIGNO INCIERTO

En capítulos anteriores ya he descrito algunos tipos de lesiones frecuentes que se pueden encontrar en la mama. Ahora es el turno de un grupo de lesiones peculiares que entre radiólogos y patólogos se conocen como lesiones con potencial maligno incierto o bien, más comúnmente, como B3 —¡Cuidado! Este nombre no tiene ninguna relación con las lesiones BI-RADS 3—. Pese a ser un conjunto muy variopinto de patologías, todas ellas comparten un denominador común: la incertidumbre. Cuando una persona a la que se le ha biopsiado una lesión pregunta a su médico si lo que tiene es benigno o maligno, lo que menos se espera es una respuesta intermedia.

Nada más lejos de mi intención que favorecer la ornitofobia (miedo a los pájaros) entre quien esté leyendo estas líneas, pero a lo largo de las siguientes páginas me gustaría que imaginaras el cáncer de mama como un pájaro. Vamos allá. Empieza visualizando el follaje frondoso de un árbol. Te das cuenta de que hay un nido apoyado sobre unas ramas. Te acercas y te aseguras de que no haya ningún pájaro en él. Sin embargo, te encuentras con un huevo, tan liso y perfecto que te vienen ganas de cogerlo delicadamente con la mano. Tras mirar alrededor en busca de sus responsables, te preguntas por qué está el huevo desatendido. Puede ser que en su interior no haya más que un óvulo no fecundado, o los restos inviables de lo que hubiera podido ser un pájaro, o bien una cría sana en fase de desarrollo, tal vez a punto de romper la cáscara con su pico. No lo sabrás nunca, a no ser que rompas el huevo o bien que te quedes unas cuantas horas o días observándolo. Vuelve ahora a la realidad de la mama.

Las lesiones B3 presentan un comportamiento similar al del huevo del nido y, por tanto, pueden asociarse a una mayor probabilidad de padecer un cáncer de mama. Esta puede venir determinada por dos escenarios posibles: por una parte, indicando que podría haber un cáncer en la proximidad —del mismo modo que tu primera reacción al encontrar el huevo desatendido ha sido observar a tu alrededor en busca de sus progenitores— y, por otra parte, avisando de que tal vez algún día podrían llegar a convertirse en un cáncer —si el huevo es viable, en algún momento u otro eclosionará dando lugar a un polluelo—.

En todos los casos se trata de lesiones de riesgo, siendo las más frecuentes: el papiloma (no guarda ninguna relación con las verrugas genitales de igual nombre), la cicatriz radial o lesión esclerosante compleja (nombre peculiar de unas lesiones que distorsionan la arquitectura normal de la mama y que no tienen nada que ver con una cicatriz o herida previa), el tumor filodes (parecido a un fibroadenoma pero con un comportamiento más agresivo), así como la atipia de epitelio plano y la hiperplasia ductal o lobulillar atípica. Estas tres últimas se manifiestan habitualmente como grupos de calcificaciones, como si fueran granitos de sal.

Cuando algunas de estas lesiones son de un tamaño muy pequeño y tras el procedimiento se supone que se han extraído en su totalidad, ya no son necesarios más procedimientos. Sin embargo, si el patólogo (por sus observaciones en el microscopio) o el radiólogo (por las pruebas de imagen) creen que puede quedar parte de la lesión, es necesaria su extirpación. Piensa en un iceberg flotando a la deriva en el mar. Si la punta de hielo que sobresale es el hallazgo biopsiado y resulta ser una lesión de riesgo, ¿quién puede garantizar que bajo el agua (y, por tanto, no visible) no exista otra lesión de igual característica o incluso más agresiva? La respuesta es nadie y, por ese motivo, debe extirparse todo el iceberg. Ahora bien, por si te preguntas cómo diablos sabemos dónde se esconde el hielo si ya no existe la punta que sobresale fuera del agua, la respuesta es muy simple. Tras una biopsia, a menudo suele dejarse un marcador metálico o de otro material en el lugar donde hemos hecho el procedimiento. De este modo, si más adelante interesa localizar la zona, no resultará difícil encontrarla. Bastará con una mamografía o una ecografía. Si la biopsia resulta benigna, ese marcador (del tamaño de un grano de arroz) permanece siempre en su lugar y no es necesario extirparlo. No hay que confundirlo con un chip. Es un trocito de metal sin más importancia, que no pita ni en el detector de metales a la salida de un centro comercial ni en el control de pasajeros de un aeropuerto.

Hasta no hace mucho, la extirpación total del bloque de hielo exigía la cirugía como única opción. Hoy en día sigue estando indicada la cirugía en algunas de las lesiones de riesgo, sobre todo en aquellas cuyo riesgo es mayor, pero cada vez está más extendida la exéresis percutánea como alternativa a la cirugía de estas lesiones. Consiste en extirparlas mediante una biopsia asistida por vacío. El posible hematoma asociado con este procedimiento sigue siendo un riesgo menor que los derivados de cualquier cirugía con anestesia general.

Son muchas las montañas dispersas por todo nuestro planeta con la forma de una mama. Las hay que parecen los dos pechos, e incluso existen politelias (múltiples mamas). Estos caprichos de la naturaleza tienen su origen en la litosfera, la capa más superficial de la Tierra, que está fragmentada en forma de placas tectónicas. Piensa en un puzle que acabas de completar y que lo colocas en un soporte plano enmarcado. ¿Qué sucederá si con el tiempo y con los cambios de temperatura, por ejemplo, el marco se va contrayendo? Lo más probable es que las piezas se acaben montando unas sobre las otras y a este proceso trasladado a la geología se lo conoce como orogénesis. Si las piezas lo hacen de un modo puntual, darán lugar a las montañas. Si son muchas las piezas implicadas, el resultado serán hileras de montañas o cordilleras. Pero son otros fenómenos naturales, por ejemplo, la erosión, los que acabarán por dar la forma definitiva a estas mamas compuestas por rocas.

Recuerdo contemplar una de estas formaciones mientras recorría el centro de Fuerteventura en coche. En un paisaje entre desértico y marciano, muy propio de esta isla canaria, destacaba un cerro con forma de mama conocido como Atalayeja de la Vieja o, más explícitamente, como Montaña de la Teta. Era tan parecida a un pecho que incluso tenía un pezón en la cima, debido al basalto que allí se depositó hace miles de años tras la erupción del que fuera por entonces un volcán llamado Morro Valdés.

Los volcanes no se libran tampoco del símil mamario. Y más, los que han estado o siguen estando activos, por su gran semejanza a una telorrea de lava ardiente. Un ejemplo de volcán con aspecto mamario es el volcán San Vicente, el segundo en altura de El Salvador, que ha sido denominado de muchos modos a lo largo de su existencia. Hay quien asegura que uno estos nombres, *Chichontepec,* significa «montaña de los dos pechos» en nawat, la lengua aborigen de la zona. Y es que las dos elevaciones de este volcán recuerdan a un par de pechos.

Más parecido, si cabe, es el de los dos *pollegons* que componen el Pedraforca, en el Prepirineo catalán. Sus aires puros ayudaron a Pablo Picasso a superar, junto a su musa Fernande Olivier (1881-1966), una pequeña crisis artística que le llevó, en 1906, a abandonar París y a establecerse en una fonda de Gòsol, una pequeña localidad situada en la falda oeste del macizo. Fueron ochenta días fructíferos que dieron lugar a la conocida como etapa ocre del genial pintor malagueño. De ella destaca la enigmática *La dona dels pans (La mujer de los panes),* cuya modelo tal vez fuera una de las vecinas del pueblo, aunque en realidad nadie sabe quién pudo ser. Picasso y Olivier convivieron todo ese tiempo con las gentes de Gòsol, dedicadas por entonces a la agricultura, la explotación de los recursos naturales de los bosques, la ganadería y el contrabando. A diferencia de lo que uno se podría imaginar de entrada, teniendo en cuenta el aislamiento del pueblo, se encontraron con una gente sencilla cuya amabilidad y hospitalidad los sorprendió gratamente, tal y como describió la musa del pintor en sus *Recuerdos íntimos.*

Nada que ver con la actitud de los también aislados habitantes de una pequeña isla del archipiélago de las Eolias, en el norte de la isla italiana de Sicilia, y que Roberto Rossellini (1906-1977) retrató en *Stromboli.* Todo un clásico del cine en el que la actriz sueca Ingrid Bergman (1915-1982) da vida a Karen, una lituana que tras el fin de la Segunda Guerra Mundial consigue escapar de un campo de prisioneros italianos y conocer a Antonio. Quien sería su futuro marido la convence para irse a vivir juntos a Estrómboli, la isla volcánica en la que nació. Maravillada, de entrada, por la belleza del lugar, no tarda demasiado en sentirse decepcionada por el carácter conservador, desconfiado y supersticioso de sus gentes, que la ven siempre como a una extraña. Cabe decir que no me sorprende demasiado el carácter de los habitantes de la isla, teniendo en cuenta que, a diferencia de los de Gòsol, viven junto a un volcán y están constantemente expuestos al riesgo de una erupción fatal que los obligue a evacuar la isla. Estrómboli lleva miles de años arrojando, de forma más o menos controlada y puntual cada quince minutos, cantidades ingentes de lava incandescente que desciende hasta el mar. De ahí, que los romanos conocieran la isla italiana como el faro del Mediterráneo.

Pese a la inmensa y prodigiosa capacidad de resiliencia del ser humano, qué duda cabe de que el hecho de ser plenamente consciente de un riesgo o de una amenaza constante acaba dejando huella en su carácter. Y si no, que se lo digan a una de las amantes

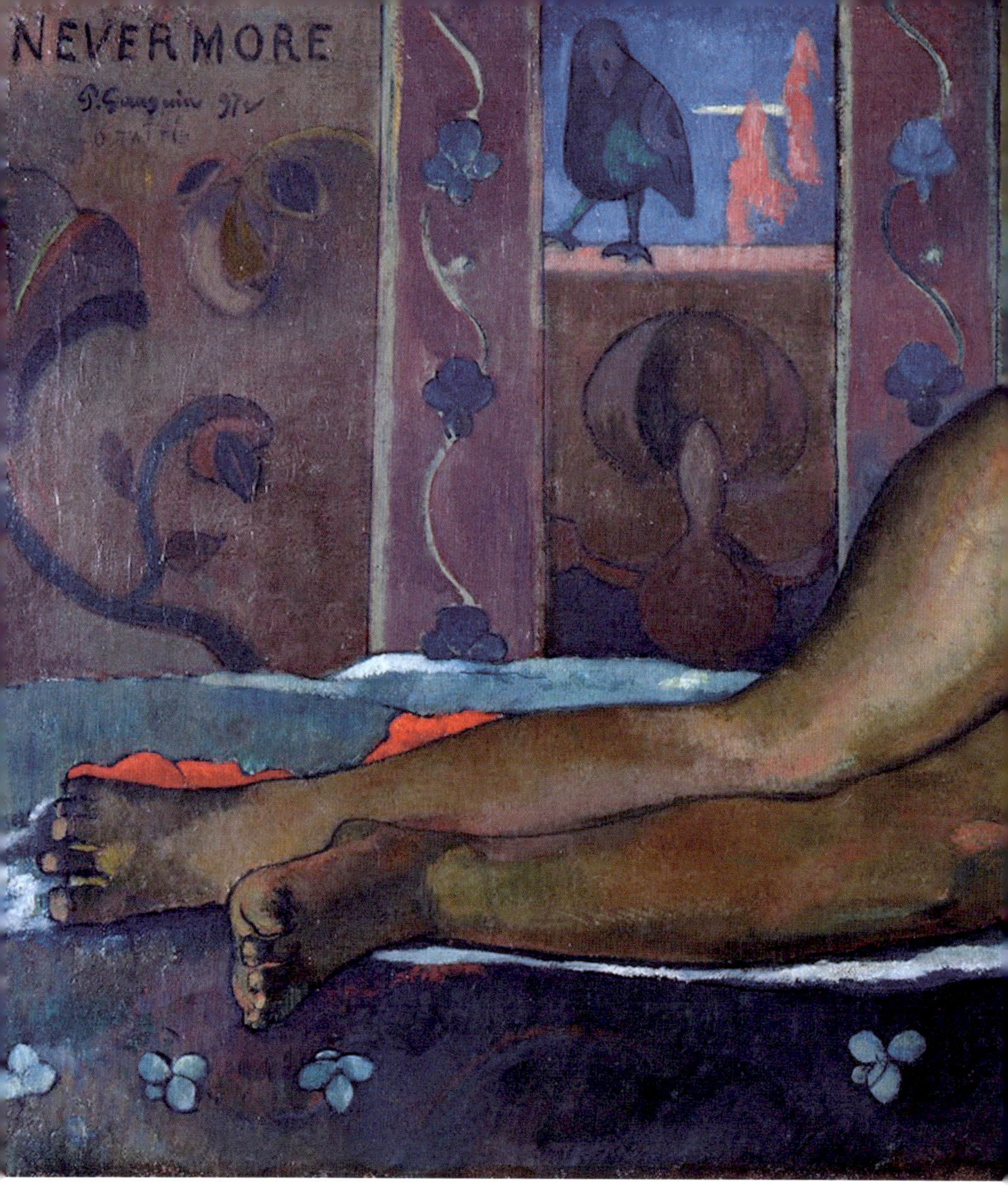

tahitianas de Paul Gauguin (1848-1903) que aparece en *Nevermore*. Este cuadro, pintado con unos colores oscuros, lejos de la vitalidad a la que nos tiene acostumbrados, muestra una Pahura que yace desnuda sobre su lado izquierdo y de cara al espectador. Sin embargo, parece ajena a este. Su actitud es triste y tal vez expectante, en relación con la conversación que están manteniendo las dos mujeres del

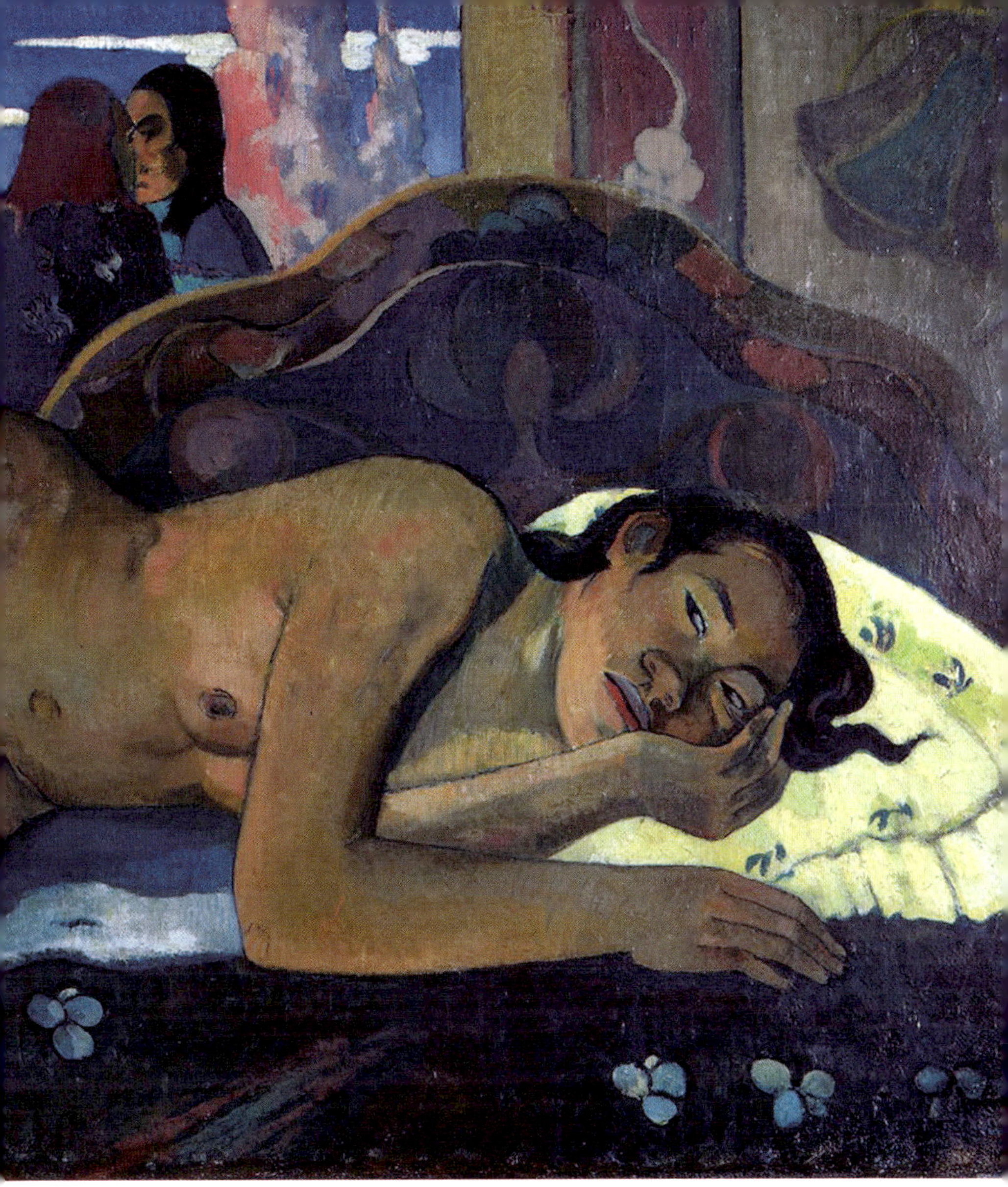

fondo del cuadro. Junto a ellas, un cuervo, el ave de mal agüero por excelencia y protagonista del cuento de Edgar Allan Poe (1809-1849) en el que se inspiró el pintor francés, temeroso de que el paraíso tahitiano dejara de serlo algún día.

mamma amens

LOS TUMORES MALIGNOS

Al escuchar el término «cáncer» es fácil que una sensación de angustia, acompañada del fugaz recuerdo de algún pariente más o menos cercano, amigo, conocido o incluso de algún personaje mediático que lo haya padecido, acuda a nosotros. Son seis letras aparentemente grabadas a fuego en algún lugar de nuestra mente, pero con numerosos resquicios de duda y desconocimiento que avivan todavía más esa desazón. Pese a los numerosos avances científicos todavía existe mucho por hacer para lograr comprender el origen y el mecanismo de esta enfermedad, que para los griegos se comportaba extendiéndose como si fueran las patas de un cangrejo. De ahí su nombre.

Nuestro organismo está formado por unos treinta billones de células (30.000.000.000.000). Este número ingente se mantiene más o menos estable a lo largo de nuestra vida, lo que significa que cada día nacen y mueren millones de ellas. Solo por poner un ejemplo, los casi tres kilogramos de células que componen nuestra piel se renuevan por completo en unos treinta días. Es decir, que cuando nos miramos en un espejo nuestra piel es totalmente distinta a la que veíamos hace tan solo un mes. Sin embargo, no somos capaces de reconocer ninguna diferencia entre ellas porque las nuevas células son prácticamente idénticas a las que se han sustituido.

El responsable de este exitoso molde es el ácido desoxirribonucleico (más conocido por ADN), que se asemeja a una cremallera larguísima que las células contienen en sus núcleos bien enrollada en forma de una letra equis mayúscula. Cada una de estas letras constituye uno de los cuarenta y seis cromosomas que tenemos alojados en cada una de nuestras células, veintitrés por parte de la madre y veintitrés por parte del padre. Si te imaginas los dientes de estas tremendas cremalleras superenrolladas dispuestos caprichosamente en tramos de distintas longitudes y colores —no es exactamente así, pero ayuda a entenderlo mejor—, estás visualizando los genes. Estos contienen toda la información genética responsable de que nuestros ojos sean marrones o azules, de que nuestras mamas tengan mayor o menor densidad o de que nuestras células se reproduzcan o mueran.

Pero, siguiendo con la piel, ¿qué sucede con aquellas células ya *viejas?* La mayoría de ellas se autodestruyen en un proceso conocido como muerte celular programada o apoptosis, mientras que el resto morirán por causas ajenas a ellas. Este equilibrio numérico entre las células nuevas y las que mueren es de gran importancia. Sin embargo, a menudo se generan pequeños errores en el ADN (fenómeno del todo lógico si pensamos en las cifras descomunales que manejan estas *supercadenas de producción)* que nuestro organismo subsana gracias a eficaces mecanismos de control. Estos errores se conocen como mutaciones y cuando afectan a los genes situados en los cromosomas sexuales (que son tan solo uno de los veintitrés de cada par) se heredan. Si no es así (la posibilidad más frecuente), no existe transmisión a las generaciones siguientes.

Ahora, imagínate que estas mutaciones afectan a los genes implicados en el ciclo celular, es decir, a los genes que dicen: «¡Ánimo, células!, ¡multiplicaos!» o «¡Se acabó, células!, ¡morid!». Y no solo eso. Imagina también que son tan numerosas que nuestro cuerpo se ve desbordado por las circunstancias y es incapaz de subsanarlas. O bien, pongamos por caso que tal vez no son tantas, pero nuestro cuerpo presenta un déficit de defensas para hacerles frente.

¿Te imaginas cuáles van a ser las consecuencias de estos dos escenarios? Efectivamente, un crecimiento celular incontrolable que derivará en un tumor. Cuando el tumor está compuesto por células con un aspecto distinto al habitual y con capacidad para diseminarse más allá del lugar donde se han originado, lo vamos a considerar maligno. Y es justamente en este escenario en el que hablamos de cáncer.

Cuando las células de la discordia provienen de algunos de los elementos de la mama mencionados hasta ahora, aparece el cáncer de mama, que es el más frecuente en las mujeres. Una enfermedad que, pese a ser cada vez más común, presenta unas cifras de supervivencia cada vez mayores. A diferencia de lo que una pueda pensar de entrada, en la mayoría de las ocasiones no se trata de un cáncer hereditario (aunque sí genético, porque su origen está en el ADN, tal y como acabamos de ver), sino esporádico.

Pero ¿cuáles son las causas del cáncer de mama? Ojalá fuera tan fácil de responder. Son muchos los factores que pueden favorecer su aparición. Pero es imprescindible que exista, además, un desencadenante. Me gusta utilizar el ejemplo de la lotería. Imagina que todos los seres humanos, sin excepción, jugamos a una lotería planetaria desde el mismo momento en el que nacemos. Sin embargo, hay quien participa con un par de boletos y hay quien lo hace con cien. Parece lógico que el último individuo tenga más posibilidades de ganar, pero la verdad es que ambos juegan y a cualquiera de los dos le puede tocar el fastidioso premio. Estos billetes de lotería con los que todos participamos son lo que se conoce como factores de riesgo. Y cuantos más de ellos tenga una persona, más probabilidad también de padecer un cáncer de mama. Sin embargo, hay que tener también en cuenta que sin un factor desencadenante o una mano *inocente* que saque el número premiado del bombo no se va a originar la enfermedad.

Si bien con algunos matices propios de cada país, el mes de octubre se dedica en gran parte del mundo al cáncer de mama. En España, por ejemplo, se ha establecido el 19 de octubre como fecha de celebración. En estos tiempos de inmediatez y fugacidad se agradece que al menos durante un día o una semana o un mes se recuerde a todas las mujeres, y también hombres, que han padecido, padecen o padecerán en algún momento de sus vidas un cáncer de mama, y se recuerde a los gobiernos, a las empresas y a la sociedad en general la importancia de invertir en su prevención y tratamiento.

Pero antes de que los distintos organismos y organizaciones decidieran tomar cartas en el asunto, lo hizo una mujer estadounidense llamada Charlotte Haley (1923-2014), indignada porque varias de las mujeres de su familia habían padecido o padecían cáncer de mama y el National Cancer Institute (la agencia de investigación más importante de Estados Unidos) tan solo dedicaba un cinco por ciento de su prepuesto a esta enfermedad. La mujer, por entonces casi septuagenaria, decidió confeccionar en el comedor de su casa unos lacitos, acompañados de unas tarjetas donde se explicaba lo injusto de aquella situación y donde se reclamaba un incremento de la inversión para la investigación del cáncer de mama, no solo por parte de esa agencia, sino de toda la sociedad en general. Esos lacitos no eran de color rosa, como seguro que te estabas imaginando, sino de color... ¡melocotón!

Cabe decir que esta combinación de rosa y naranja pálidos poco tiene que ver con la deliciosa fruta. Su origen se remonta a la China del emperador Kangxi (1654-1722). El cuarto emperador de la dinastía Qing, gran amante del arte, sentía auténtica adoración por la porcelana de ese color, que los chinos conocían como «rubor de doncella». Era muy típico por entonces que los poetas chinos se refirieran al sonrojo de las muchachas como «flor de melocotón» y, aunque en realidad se trata de una flor más bien rosa, quién osa discutir con un poeta... La cuestión es que ese color tan poco frecuente en la naturaleza pasó a Occidente como melocotón a secas.

La idea de Haley gustó mucho a la flamante editora de la revista *Self Magazine*, Alexandra Penney (1939), que sucedía en el cargo a la anterior, fallecida por un cáncer de mama. La periodista, sin embargo, decidió buscar un color más fácil de identificar y de reproducir que el melocotón de Haley. Y fue entonces cuando se decantó por el rosa. Los primeros lacitos rosas se repartieron en la Race for the Cure, que tuvo lugar en 1990 en Nueva York. Se trataba de una carrera que la fundación Susan G. Komen organizaba cada octubre en diferentes ciudades americanas para recaudar fondos para la investigación del cáncer de mama. Nancy Goodman Brinker (1946), la hermana de Susan, que tenía treinta y tres años cuando le fue diagnosticada la enfermedad y treinta y seis cuando murió por sus complicaciones, le prometió que haría todo lo posible para luchar contra el cáncer de mama y creó entonces la fundación que lleva su nombre. Pero no fue la única a quien agradó la idea del lacito rosa y, poco después, la vicepresidenta de la famosa compañía de cosméticos Estée Lauder, Evelyn Lauder (1936-2011), que también padeció un cáncer de mama, decidió que en todos los puntos de venta de sus productos se entregarían lacitos de ese color.

Gracias al tesón de todas estas mujeres la lucha contra el cáncer de mama se ha vuelto más visible que nunca. Pese a que Isaac Newton (1643-1727) no incluyó el color rosa en el espectro del arcoíris —la decisión de elegir siete colores tuvo más de esotérico que de científico—, lo cierto es que al llegar octubre este color se convierte en el más visible. Lo inunda todo hasta tal punto que se hace muy difícil llevar una vida *normal* y no toparse en algún momento del día con alguno de esos lazos o con multitud de productos disfrazados de color rosa (desde botellines de agua a otros alimentos, cosméticos o incluso prendas de vestir) que un gran número de compañías lanzan para concienciar a la sociedad y recaudar fondos a favor de la lucha contra el cáncer de mama.

Tanta energía rosa, sin embargo, corre el peligro de saturar nuestras retinas y nuestros cerebros. De hecho, ya han surgido algunas voces de protesta y campañas de concienciación, como *Think before you pink* (que vendría a decir: «Piensa antes de elegir el rosa»), de la organización Breast Cancer Action, que alertan del negocio, a veces opaco, que para algunas de estas compañías supone el éxito de los productos de color rosa.

Quisiera pensar que, tal y como dijo Aristóteles (384-322 a. C.), «la virtud está en el centro de los extremos».

mamma minata

LOS FACTORES DE RIESGO ASOCIADOS AL CÁNCER DE MAMA

La verdad es que poco podemos hacer para sortear los factores de riesgo asociados al cáncer de mama que son inevitables. Entre ellos están: la edad (el mayor número de casos se da por encima de los cuarenta y cinco años; sobre todo, tras la menopausia), el género (de cien cánceres de mama, noventa y nueve afectan a mujeres y tan solo uno a hombres), la raza (pese a ser más frecuente en mujeres blancas, las formas más agresivas de cáncer de mama se dan en mujeres negras), la densidad mamaria (recuerda que el riesgo se incrementa por mantener una gran densidad a lo largo de los años), la historia familiar o el riesgo genético (al que me referiré más adelante, en otro capítulo), la menstruación (cuantos más ciclos menstruales se produzcan, como en el caso de mujeres con una menarquia o primera regla precoz, o bien con una menopausia tardía, menos posibilidades tendrán las células de la mama de *madurar* produciendo leche y más expuestas estarán a la influencia hormonal de los estrógenos producidos en los folículos ováricos) y, por último, la exposición a la radiación (la he incluido entre los factores inevitables, si bien es cierto que tendríamos que realizar un mayor esfuerzo para conseguir disminuir la radiación innecesaria debida a una indicación incorrecta o bien a la redundancia de los estudios de imagen).

En cuanto a los factores de riesgo evitables hay que insistir en la idea de que son aquellos sobre los que más se tendría que incidir. Sin embargo, lo que en un principio parece fácil —¿por qué gastar dinero en billetes de lotería cuyo premio no queremos en absoluto?—, a menudo no lo es del todo.

El hecho de tener hijos, sobre todo a una edad temprana, protege en cierta manera de tener un cáncer de mama. La maduración de la glándula mamaria, que se consigue al producir la leche, será un factor protector, y por eso la lactancia materna ofrece una mayor protección que la artificial. Lo contrario sucederá si no permitimos la producción de leche como, por ejemplo, con el tratamiento hormonal sustitutorio o con los anticonceptivos orales, que van a conllevar una mayor exposición a los estrógenos. También estarán más expuestas a estas hormonas que favorecen la aparición de cáncer de mama las mujeres posmenopáusicas con obesidad. Sus ovarios apenas funcionarán, pero estos no son la única fuente de producción de estrógenos, ya que las glándulas suprarrenales y, sobre todo, el tejido graso (tan abundante en mujeres obesas) los fabrican. Así que, a falta de estrógenos ováricos, aparecen los originados gracias a una enzima llamada aromatasa, que transforma la grasa en unos estrógenos altamente peligrosos. Pero no solo son los estrógenos, sino también otros muchos procesos los que se dan en estas mujeres y que pueden favorecer la aparición de un cáncer de mama.

El consumo de tabaco y de alcohol también puede favorecer su aparición. Pese a que, en un principio, no quedaba muy clara la relación entre el tabaco y el cáncer de mama, cada vez parece más clara su implicación en la carcinogénesis (formación de un cáncer) y en la progresión a metástasis. Los efectos nocivos del tabaco parecen mayores en mujeres fumadoras posmenopáusicas que empezaron muy jóvenes a fumar. El alcohol, entre otros efectos nocivos, favorece el incremento de estrógenos y también disminuye la vitamina B9 (ácido fólico), que tiene un papel importante como protector de la carcinogénesis. Estos efectos del alcohol se han descrito tanto en mujeres premenopáusicas como posmenopáusicas.

El sedentarismo también es un factor de riesgo para tener en cuenta, y que a menudo se suma a otros factores como el tabaquismo o la toma de alcohol. Parece ser que la actividad física en mujeres adolescentes podría jugar un papel protector de cáncer de mama en mujeres premenopáusicas.

Algunos estudios también han demostrado la relación de la depresión o el estrés con el cáncer de mama. Asimismo, se consideran factores de riesgo para el cáncer de mama los turnos de trabajo nocturno y, sobre todo, la alternancia o variabilidad de turnos.

En cuanto a la implicación de la vitamina D, cuyos niveles decrecen a partir de la perimenopausia, en algunos cánceres parece probada. Y el de mama podría ser uno de ellos.

Quisiera insistir en que el cáncer es una enfermedad multifactorial y, por tanto, no te creas ninguno de los remedios milagrosos para evitarlo. Tampoco los efectos cancerígenos atribuidos a un sinfín de productos como, por ejemplo, los desodorantes, que no se han podido demostrar. Se necesitan muchos estudios para atribuir una relación causal con credibilidad. Recuerda que, aunque reducir los factores de riesgo que tienes a tu alcance puede contribuir a disminuir la aparición de un cáncer, existen otros factores sobre los que apenas se puede hacer nada. En definitiva, nadie se puede librar de jugar a esta lotería, pero cuantos menos boletos se tengan, mucho mejor.

Por último, quisiera mencionar la epigenética, que podría ser clave en la explicación de la aparición de algunos cánceres de mama. La epigenética sería responsable de activar o desactivar determinados genes sin alterar las secuencias de ADN, a diferencia de las mutaciones. Estos cambios se deberían a la interacción entre nuestros genes y determinados factores ambientales, como pueden ser la contaminación o la alimentación. Y explicaría, por ejemplo, por qué dos hermanas gemelas con prácticamente la misma carga genética tienen distinta predisposición a tener un cáncer de mama. La epigenética nos podrá ayudar a entender mejor la mano que acciona el mecanismo del bombo del cual se van extrayendo los números *premiados*. Es un mundo apasionante del que todavía nos queda mucho por aprender.

La exhibición del pecho femenino en público, a diferencia del masculino, ha sido y sigue siendo motivo de polémica en determinados entornos. Cuando Joséphine Baker (1906-1975) abandonó París (donde acababa de triunfar con un espectáculo en el que aparecía vestida únicamente con una faldilla confeccionada con plátanos de tela) para actuar en Estados Unidos sabía el riesgo que comportaba. Eran los años veinte del siglo pasado y la conocida posteriormente como Venus de Ébano fue criticada, e incluso su presencia rechazada, en algunos lugares públicos. La primera *vedette* de origen afroamericano regresó a Francia antes de lo previsto. A diferencia de su país natal, en Francia el público no tardó en encumbrarla. Pero no fue tan solo reconocida por sus dotes artísticas, sino también por su lucha contra la discriminación racial y por su labor como espía del país galo contra los nazis.

Y es que, por algo será, cuando pensamos en la libertad lo primero que nos viene a la cabeza es la alegoría de Eugène Delacroix (1798-1863). En su *La Libertad guiando al pueblo*, el primer principio del lema republicano francés se representa como una mujer con los pechos al aire, sosteniendo la bandera tricolor con la mano derecha y un fusil con bayoneta con la izquierda.

El activismo de Femen también entiende de riesgos. Fundado en 2008, el movimiento feminista surgió como reacción a la indignación de un grupo de mujeres ucranianas por el gran número de compatriotas engañadas con falsas promesas laborales en el extranjero, que acababan materializándose en explotación sexual. Pero sus protestas ya se han extendido más allá y también se dirigen contra el sexismo, la religión o la homofobia. Pese al carácter provocativo de sus pro-

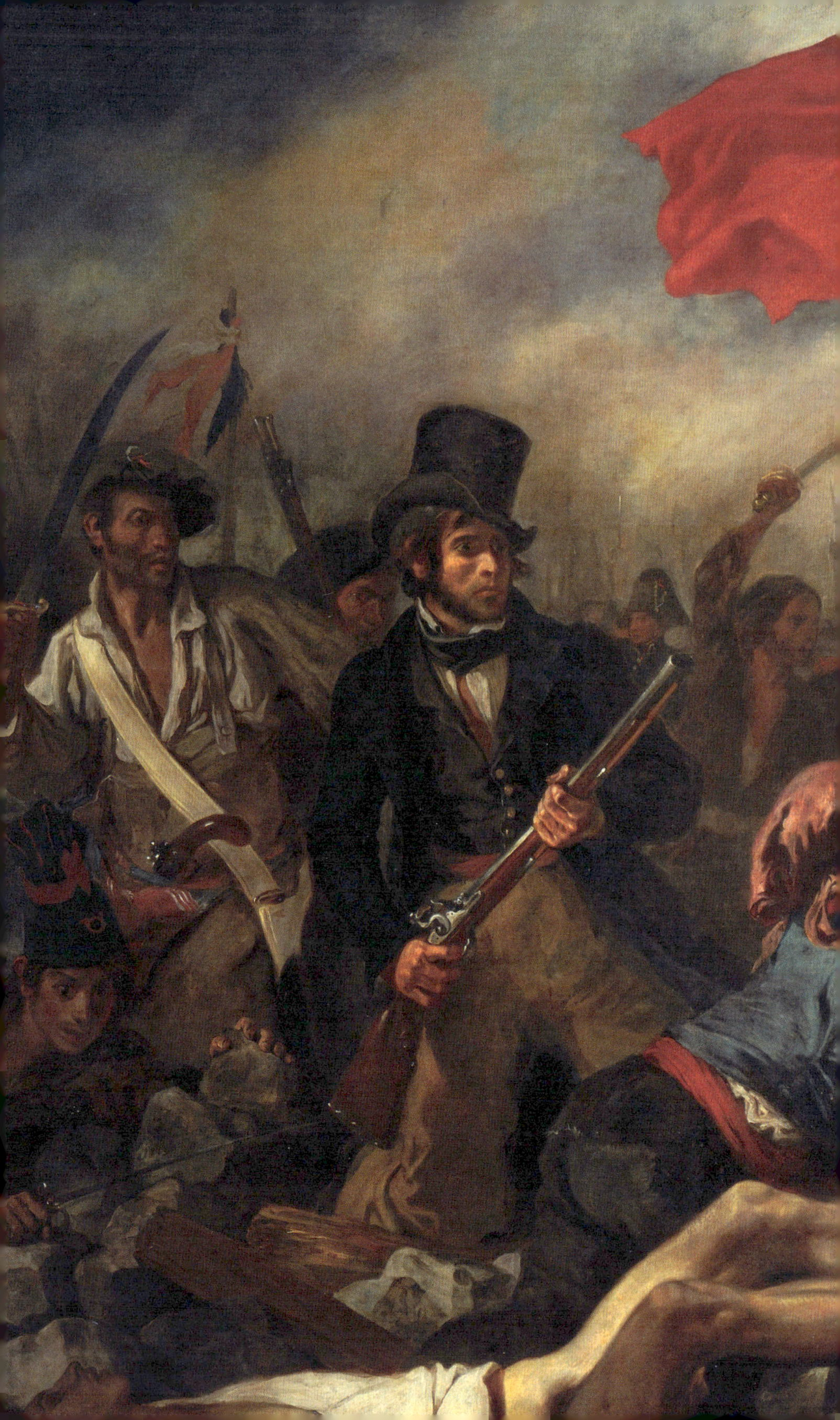

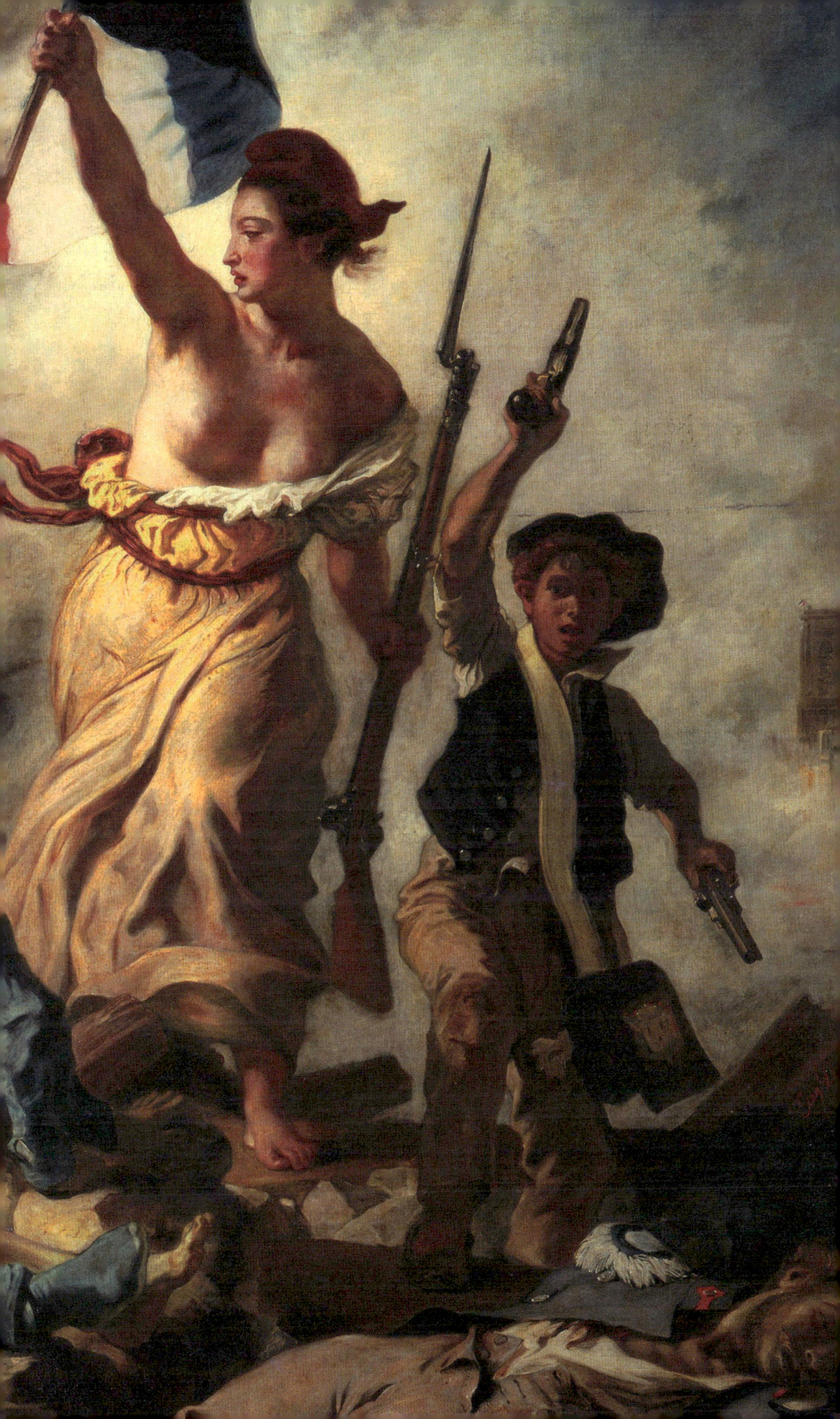

testas, no fue hasta un año y medio más tarde de sus inicios, cuando las miembros del grupo aparecieron en *topless* en una manifestación que tuvo lugar durante la celebración del día de la independencia ucraniana. Fue tanta su repercusión mediática que a partir de aquel momento optaron por mostrar sus pechos (generalmente con algún lema pintado) en todas sus protestas. Sus actos reivindicativos son cada vez más frecuentes en todo el mundo, pero también las detenciones de sus activistas. Y es que la sexualización del pecho femenino sigue vigente hoy en día, incluso en países aparentemente avanzados. Tal y como Rigoberta Bandini (1990) canta en su *single:* «Ay mamá, [...] no sé por qué dan tanto miedo nuestras tetas / Sin ellas no habría humanidad ni habría belleza [...]».

A punto estuvo el tribunal de la Inquisición de condenar a Francisco de Goya (1746-1828) por pintar a una mujer completamente desnuda. Afortunadamente, el mismo cardenal que abolió la temida institución eclesiástica absolvió al pintor de Fuendetodos. *La maja desnuda,* que se pintó algunos años antes que su homónima vestida, fue un encargo del primer ministro de Carlos IV (1748-1819), Manuel Godoy (1767-1851), que parece ser que podría haber utilizado un peculiar mecanismo para superponer ambos cuadros y «desnudar» a su antojo a *La gitana,* tal y como se la llamó en un principio. Se ha especulado mucho con respecto a la modelo que posa mostrando no solo sus pechos, sino también el vello púbico, hecho insólito a finales del siglo xviii. Las dos hipótesis más extendidas señalan a la duquesa de Alba (1762-1802), amiga, íntima o no, del genial pintor, o a Pepita Tudó (1779-1869), por aquel entonces, amante de Godoy.

A lo largo de la historia no solo se han asumido riesgos por mostrar los pechos, sino también por ocultarlos. La historia de Elisa Sánchez y Marcela Gracia, escrita por Narciso de Gabriel (1955) y llevada recientemente al cine por la directora Isabel Coixet (1960), es la historia de amor de dos mujeres en la Galicia rural y conservadora de finales del xix. Para acallar los rumores surgidos por el hecho de vivir juntas, urden un plan en el que Elisa, tras simular un inexistente viaje a Cuba, se transforma en Mario, un primo de Elisa que vivía en Inglaterra. Tal es el engaño que la pareja logra casarse por la iglesia en 1901. Para su desgracia, no tardan en ser descubiertas. Tras distintos periplos (incluida la prisión) logran finalmente llegar a Argentina, donde acaban estableciéndose.

El primer matrimonio entre dos mujeres —aunque no oficial— ocurrió en la Holy Trinity Church de York, Inglaterra, en 1834. En la pared de la iglesia existe una placa circular conmemorativa de color azul y ribeteada con los colores del arcoíris. La escritora inglesa Anne Lister (1791-1840) y la terrateniente Ann Walker (1803-1854) intercambiaron alianzas en una ceremonia simbólica. Anne Lister, que fue también una reconocida alpinista, fue célebre por sus extensísimos diarios, en los que escribe acerca de su condición de lesbiana y de su vida cotidiana. Reconocidos por la UNESCO por su valor documental, una sexta parte de los diarios, sobre todo los relativos al sexo, están encriptados con un código propio inventado por la escritora, que incluye extrañas combinaciones de álgebra, griego antiguo y elementos del zodiaco.

mamma mala

EL CARCINOMA *IN SITU*

Cuando el huevo del nido finalmente eclosiona y aparece un pajarillo, ya podemos hablar de cáncer. Ahora bien, si este se queda en el nido y no sale de él, bien porque es incapaz de volar o bien porque no está motivado del todo, hablamos de un carcinoma *in situ*. Esta locución latina significa «en el sitio, en el lugar». Cuando el nido se localiza entre las ramas (conductillos) lo llamamos carcinoma ductal *in situ* (CDIS), mientras que si se encuentra entre el follaje (lobulillos), recibe el nombre de carcinoma lobulillar *in situ* (CLIS). El primero de ellos es el más frecuente, pero lo voy a dejar para el final.

El CLIS forma parte de lo que se conoce como neoplasia lobulillar, una entidad que se presenta sin originar ningún síntoma y que engloba a la hiperplasia lobulillar atípica (una lesión de riesgo o B3) y al carcinoma *in situ* propiamente dicho. El CLIS a menudo no presenta ningún hallazgo mamográfico claro y, si lo hace, suelen ser calcificaciones. Lo más habitual es que sea un hallazgo incidental asociado a alguna otra entidad. Excepto en algunas variantes concretas, que van a requerir cirugía, en el resto no será necesario realizar ningún tratamiento más.

El CDIS suele ser asintomático y manifestarse como calcificaciones en la mamografía. No te asustes por ello. Ten en cuenta que la mayoría de las mujeres presenta calcificaciones en su mamografía. Es un hallazgo muy frecuente y es papel del radiólogo diferenciar las benignas de las sospechosas. Cuando surgen dudas es cuando practicamos una biopsia. Los especialistas en anatomía patológica son quienes se encargan de analizar al microscopio las muestras obtenidas mediante las biopsias. Cuando observan un CDIS se fijan en algunas peculiaridades morfológicas de la lesión para determinar lo que se conoce como grado nuclear. Este aspecto indicará en cierto modo la agresividad del tumor y diferenciará dos entidades muy distintas que, sin embargo, comparten el mismo nombre.

Retomando la imagen del nido, hay que averiguar por qué el pájaro no vuela. Si no lo hace porque es incapaz (tiene algún defecto o anomalía que se lo impide) se comporta como un CDIS de bajo grado. Estos tumores tienen muy buen pronóstico porque es muy extraño que se vuelvan más agresivos y, de hecho, hay quienes no los llegan a considerar como un cáncer. Sin embargo, si lo que impide al pájaro alzar el vuelo es la falta de motivación, tendremos un problema. Al igual que lo vamos a tener con algunos de los CDIS de grado 2 y, sobre todo, con los de grado 3, conocidos también como de alto grado. En cualquier momento, el pájaro caprichoso puede decidir escaparse del nido y volar. O lo que es lo mismo, puede convertirse en un cáncer invasivo o infiltrante, más peligroso por su capacidad de extenderse a otros lugares del organismo.

Hoy por hoy se desconocen los mecanismos exactos que empujan al pájaro a tomar esa decisión tan importante, pero existen líneas de investigación muy interesantes (analizando, entre otras, las células de la grasa adyacente y determinadas proteínas) que podrían arrojar algo de luz y ayudarnos a predecir qué persona con un CDIS presenta más riesgo.

Y no solo eso. También podría darse el caso de que dentro del nido existieran dos pájaros distintos, uno incapaz de volar y otro perezoso. Si con la biopsia solo logramos cazar el incapacitado, ¿quién nos asegura que no nos hemos dejado a su compañero, que es potencialmente más peligroso? Afortunadamente, este inconveniente sucede cada vez menos, ya que con los métodos de biopsia habituales se obtienen muestras considerables que reducen el riesgo de infraestimación. Aun así, podría suceder (sobre todo si la extirpación quirúrgica final de la lesión no ha sido completa) que se produjera una recaída que, en la mitad de los casos, sería en forma de carcinoma invasivo.

En definitiva, nos vamos a encontrar con dos entidades que, pese a compartir el mismo nombre y ser similares desde el punto de vista radiológico, pueden presentarse con un comportamiento muy dispar, por lo que se está investigando cómo individualizar el tratamiento según el riesgo de invasión de cada una de las lesiones. La idea es que quizá no sería necesario operar los tumores de bajo grado y de pequeño tamaño, mientras que tendríamos que ser más agresivos con los de alto grado. De momento, hasta que no se conozca mejor el riesgo de cada hallazgo, el principal tratamiento de esta entidad es la cirugía. Aunque en algunas ocasiones habrá que complementar la cirugía con otros tratamientos que mencionaré más adelante.

Por último, decir que si bien en la mayoría de las ocasiones el CDIS se presenta asintomático, a veces son tantas las calcificaciones juntas en una zona determinada de la mama que pueden llegar a palparse. Y en otras ocasiones, si el tumor se presenta dentro de un conducto cercano al pezón, puede manifestarse como una secreción a la que, si recuerdas, se conoce como telorragia o telorrea, según contenga sangre o no.

En una parte peculiar de Rusia, situada entre Lituania y Polonia, se encuentra Kaliningrado. En la otrora prusiana Königsburg nació uno de los filósofos más importantes del siglo XVIII. Se cuenta que sus conciudadanos sabían exactamente qué hora era cuando se lo encontraban, pues desde que se despertaba a las cinco de la mañana hasta que se acostaba a las diez de la noche procuraba seguir cada día la misma rutina. Es más, salvo en muy contadas y justificadas ocasiones, Immanuel Kant (1724-1804) no salió de su Königsburg natal, al igual que un carcinoma *in situ*.

Todo lo contrario que Salvador Dalí. El ampurdanés se encontraba en París en 1936 (dos meses antes del estallido de la Guerra Civil española) cuando exhibió un peculiar objeto titulado *Monument à Kant*. Todo lo que sabemos de aquella obra surrealista es lo que consta en el catálogo de la exposición que tuvo lugar en la galería Charles Ratton: una fotografía en blanco y negro con una extraña figura semejante a una raspa y unas botellas sobre un pedestal. Parece ser que en la base existía un fragmento de la *Crítica de la razón pura*, una de las principales obras del filósofo, que Dalí confesó haber leído con voracidad en su adolescencia. Lo justificó comparándose a los niños con déficit de calcio que se lanzan a comer el yeso y la cal de las paredes para compensar su carencia. Sentía la imperiosa necesidad de leer lo que no comprendía, y tardó dos años en tragársela: «Pero un día me lo tragué», describió en *La vida secreta de Salvador Dalí*.

Dalí también sentía admiración por un artista renacentista, Raffaello Sanzio (1483-1520). A diferencia de Kant y de Dalí, poco dados al contacto sexual con mujeres —el primero por considerar el sexo moralmente condenable y el segundo por el pánico a las posibles consecuencias venéreas—, Rafael fue muy conocido por su fama de mujeriego. De hecho, se dice que, tras una noche de excesos, el de Urbino presentó unas inquietantes fiebres que los médicos decidieron tratar con una sangría que le resultó fatal y lo llevó a la muerte con tan solo treinta y siete años.

De entre tantas mujeres, sin embargo, destacó una que logró cautivar de un modo muy especial a Rafael. Se trataba de Margherita Luti (1493-1522), que ha pasado a la historia como *La Fornarina*, por ser la hija de un panadero *(fornaio*, en italiano). Fue modelo en dos de sus obras, *La donna velata (Dama velada)* y *La Fornarina*. En esta última posa sentada y semidesnuda, con los pechos blancos al descubierto y llevándose la mano derecha hacia el izquierdo. Únicamente viste un velo transparente que le cubre el abdomen y una ropa de color rojizo más abajo, aunque también lleva un turbante azul y amarillo con una perla (margarita en griego significa «perla»), una cinta en el brazo izquierdo con el nombre de su amante inscrito y un anillo en el dedo anular de la mano izquierda.

Salvador Dalí admiraba a Rafael y se inspiró en él cuando en 1945 —el mismo año en que finalizó la Segunda Guerra Mundial— pintó a su querida Gala (1894-1982) en un retrato que, para empezar, tituló *Galarina*, en alusión a la amante del italiano. En él se distingue a la enigmática musa del pintor con una blusa holgada que no le cubre el pecho izquierdo. A diferencia de la hija del panadero, Gala presenta los brazos cruzados simulando —según palabras del genio, por supuesto— una cesta que contiene el pan que él desea comer y que está representado ni más ni menos que por su pecho izquierdo al descubierto. También luce un brazalete, aunque más abajo que Margherita, en la muñeca izquierda, y un anillo en el mismo dedo que esta. En cambio, su melena ondulada está suelta y lleva los labios y las uñas pintadas con diferentes tonalidades de rojo.

No puedo finalizar este capítulo sin llevarte de nuevo a *La Fornarina* para que contemples su pecho izquierdo, que parece sujetarse con la mano contralateral. Un discreto, pero existente, cambio de coloración y un posible bulto en este pecho —¿acaso lo está señalando?— han llamado la atención de algunos historiadores del arte, que ven en él los signos de un cáncer de mama.

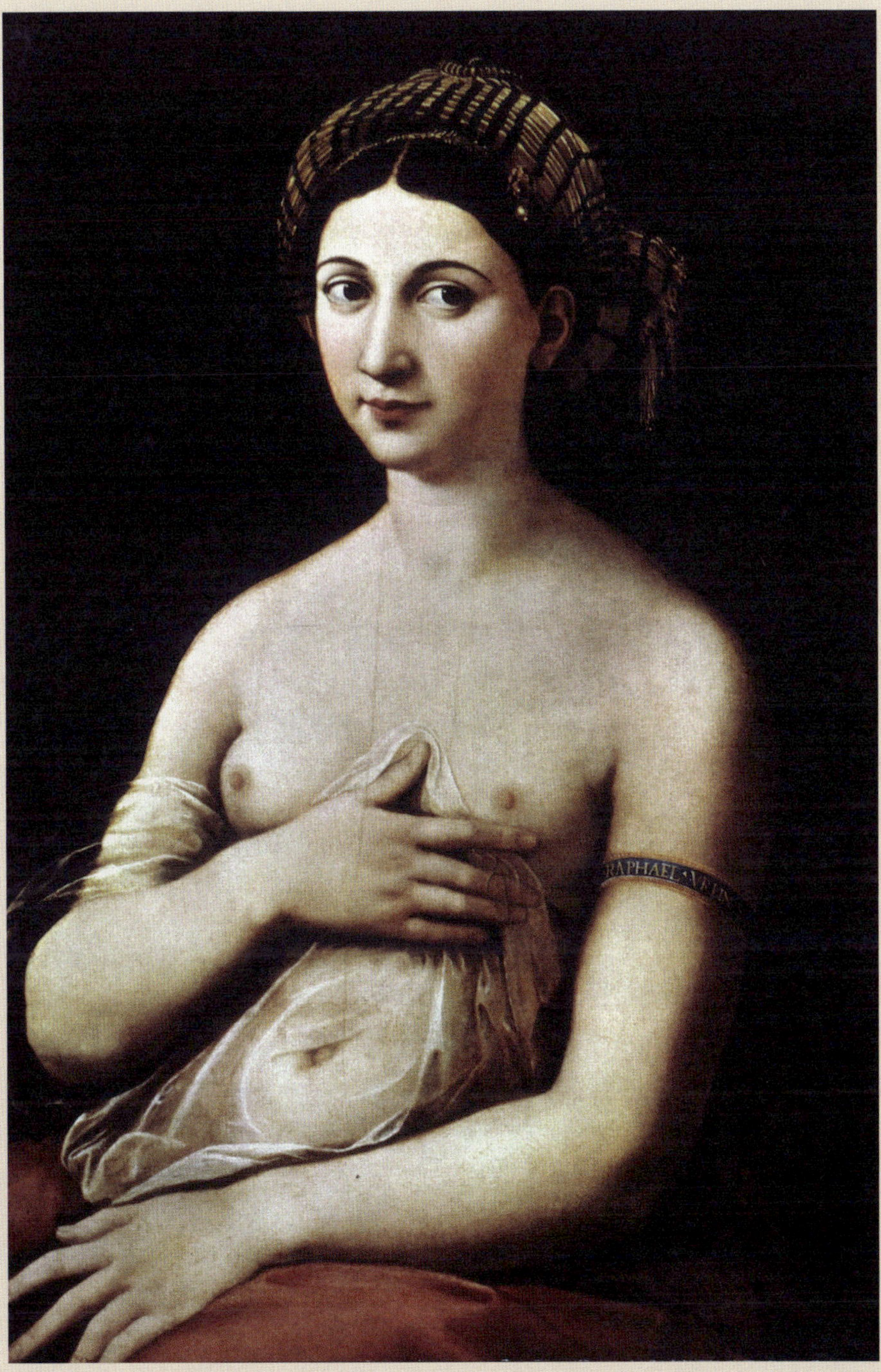
RAPHAEL

mamma maligna

EL CARCINOMA INVASIVO

El tumor invasivo o infiltrante se comporta como el pájaro que finalmente decide salir del nido. Afortunadamente no suele ir más allá, pero en algunas ocasiones puede volar hasta llegar a los ganglios de la axila y, con mucha menos frecuencia afortunadamente, puede llegar a cualquier rincón del organismo en forma de metástasis.

Como en el caso de los carcinomas *in situ*, el carcinoma invasivo más frecuente es el carcinoma ductal infiltrante o invasivo (CDI). Menos común es el carcinoma lobulillar infiltrante o invasivo (CLI). Y también existen otras variantes peculiares que se caracterizan por algunos rasgos específicos, como pueden ser la presencia de material mucoide en su interior (carcinoma mucinoso o coloide) o de vasos sanguíneos con forma de prominencias o papilas (carcinoma papilar) o de un material con una consistencia similar a la del cerebro o a la de la médula espinal (carcinoma medular), entre otros.

El carcinoma invasivo rompe las paredes de células que tapizan los conductillos o los lobulillos. Las células cancerígenas crecen sin control formando auténticos conglomerados que, si adquieren un gran tamaño o bien se localizan superficiales, es decir, cerca de la piel, pueden llegar a palparse. Estos conglomerados, sin embargo, no son tan evidentes en el caso del CLI. Para que lo entiendas mejor, imagínate el CDI como las capas de glaseado que se superponen unas tras otras encima de un *cupcake*. El CLI, en cambio, sería más bien como el extendido progresivo del relleno de toda la superficie de un bizcocho partido en dos partes. Parece lógico que palpemos antes el CDI, que crecerá más hacia arriba, que el CLI, que crecerá más a lo ancho. Eso sí, a diferencia del CDI, cuando lleguemos a palpar un CLI será muy probablemente porque la lesión (el relleno del bizcocho) presente un tamaño considerable. Este patrón de crecimiento de las células en el caso del CLI va a dificultar, además, su identificación en la mamografía. Sobre todo, en el caso de las mamas densas.

Para que las células descontroladas puedan crecer, los tumores invasivos necesitan un aporte energético extra que consiguen gracias a la secreción de unas sustancias que estimulan la creación de nuevos vasos sanguíneos a su alrededor. A este proceso se lo conoce como neoangiogénesis. Estos nuevos vasos, que aportarán el oxígeno suficiente para que el tumor pueda crecer y extenderse, son de muy poca calidad, con unas paredes permeables. Compara la calidad de los tejidos que se utilizaban hace unas décadas en la confección de la ropa con la de los actuales, castigada por la gran demanda y los bajos precios que se quieren pagar por ella.

En definitiva, a mayor número de células proliferando sin control y peor calidad de los vasos de su alrededor, mayor la posibilidad de que estas células se desprendan. Si esto acaba por suceder, pueden darse dos escenarios posibles. Por un lado, que las células entren en el torrente sanguíneo. Y, por otro lado, lo más habitual en el caso de la mama, es que sean recogidas por los capilares linfáticos, unos tubos muy finos (el término «capilar» proviene de «cabello») similares a la red de capilares por donde circula la sangre. Estos recogen el líquido existente entre las células y los vasos sanguíneos de alrededor (conocido como líquido intersticial) que se acompaña, entre otras, de diversas sustancias de desecho producidas por el metabolismo celular. Una vez en el interior de los capilares linfáticos, este líquido pasa a denominarse linfa.

¿Qué sucede entonces en el caso de un tumor invasivo? Pues que estas células desprendidas pueden ser recogidas por la linfa y, si es así, circularán por este entramado de capilares que cada vez se hacen más grandes hasta llegar a unas estructuras conocidas como ganglios linfáticos. Si piensas en una autopista, los ganglios vendrían a ser como las áreas de servicio que te vas encontrando a lo largo del camino y donde te detienes para tomar un descanso. Allí se producen las defensas con las que el organismo combate las sustancias nocivas que transporta la linfa. Al igual que cuando se padece una infección llegan microorganismos a los ganglios y los inflama, es fácil entender también que cuando se padece un cáncer de mama las células cancerígenas pueden afectar a los ganglios.

Por este motivo, cuando se diagnostica un carcinoma infiltrante o invasivo, hay que estudiar muy bien la axila del lado afecto, ya que el drenaje linfático de la mama se da mayoritariamente allí. La mejor técnica para detectar los ganglios axilares es la ecografía. Los ganglios sospechosos suelen presentar alteraciones en su aspecto que justifican la realización de una PAAF o de una BAG para confirmar su afectación. Cuando se estudia la axila también deben estudiarse otras zonas próximas a la mama donde, aunque más raramente, podemos encontrar ganglios afectos, como son la región paraesternal (el escote, para entendernos), por debajo o por encima de la clavícula y en la axila del lado opuesto.

Si se confirma la afectación ganglionar deben saltar las señales de alarma. El pájaro ha conseguido alzar el vuelo y, a partir de ahora, resultará más difícil controlarlo.

Una de las guerras más destacadas de la mitología griega tuvo lugar en la ciudad de Troya o Ilión, en la actual Turquía. La invasión de la ciudad por parte de los aqueos —vendrían a ser los griegos de entonces— es el contexto de las dos obras literarias más antiguas (fueron escritas hace unos tres mil años) sobre las que se fundamenta la cultura occidental: la *Ilíada* y la *Odisea.*

Los motivos de la guerra, como los de cualquier contienda, y más, con dioses de por medio, son complejos, pero se podrían resumir con la historia protagonizada por Helena, hija de Zeus y esposa del rey Menelao de Esparta, y Paris (también conocido como Alejandro), hijo del rey Príamo de Troya. En una de sus visitas amistosas a Troya, Menelao invitó a Príamo a visitar Esparta. Este, en su lugar, mandó a su hijo Paris. Durante su estancia, el príncipe troyano y Helena, la mujer más hermosa del mundo, se enamoraron tan perdidamente —hay que aclarar que Afrodita jugó un papel importante en ello— que lograron fugarse a Troya, en lo que se conoce como el rapto de Paris. Fue tanta la rabia que sintió el rey espartano que decidió reunir a todos los ejércitos aqueos y atacar Troya para rescatar a su esposa y vengar su ofensa.

El francés Jacques-Louis David (1748-1825) pintó *Les amours de Pâris et d'Hélène (Los amores de Paris y Helena)*, inspirado en el enamoramiento de la pareja. Mientras que Paris aparece ataviado con poco más que un gorro frigio (gorro típico de Frigia, una antigua región que ocupaba gran parte de la actual Turquía, que luego adoptaron los franceses y otros pueblos como símbolo de la libertad), un himatión (especie de sábana-toga unisex) mal colocado y una lira, la hermosa Helena viste con un himatión y una blusa transparente que deja entrever sus pechos, pezones incluidos, en una escena cargada de erotismo. Los pliegues, pintados con gran realismo, se apoyan precisamente en las curvas de sus pechos tersos.

Con un gesto más pudoroso, la Eurídice que Pedro Pablo Rubens (1577-1640) representó un siglo y medio antes en *Orfeo y Eurídice* muestra sus pechos sin velos de ningún tipo, a pesar de intentar ocultarlos en vano con el brazo. A diferencia de Helena, los pechos de la joven a la que Orfeo pretende rescatar del infierno no son tan tersos. En el siglo XVII, la mujer bella era aquella con caderas y pechos bien generosos. Rubens retrata el cuerpo de Eurídice con auténtico realismo. No solo por sus formas, que hoy en día consideraríamos más típicas de un sobrepeso que de una obesidad, sino también por la flacidez de sus carnes tremendamente blancas, si las comparamos con el tono bronceado de Orfeo.

Tanto es el realismo del pintor flamenco que hay quien sugiere que la modelo muestra un cáncer de mama probablemente invasivo en su pecho izquierdo. Si se amplía la imagen de esta región anatómica, se logra identificar una discreta hendidura en el cuadrante superoexterno de la mama. Este signo clínico puede aparecer cuando un carcinoma invasivo situado cerca de la piel la retrae al ir creciendo. Pero seamos realistas, el hallazgo es muy discreto y no tiene por qué corresponder a ninguna enfermedad.

Más evidente, sin embargo, es el bulto que presenta en la mama izquierda la modelo de *Judith con la cabeza de Holofernes*, también de Rubens. El rey de Babilonia habría enviado a su general Holofernes a invadir a los pueblos que no lo apoyaban. Uno de ellos fue Betulia. La ciudad logró salvarse gracias a Judith, una viuda judía que, tras seducir al general, lo emborrachó y aprovechó su estado de embriaguez para decapitarlo. Ataviada con un generoso escote que permite vislumbrar por completo el pecho derecho, y que sin duda debió de utilizar para atraer a su víctima, Rubens nos muestra a una Judith orgullosa. También con cierto mohín de aversión, sujetando con una mano la cabeza de Holofernes y con la otra, el cuchillo.

Pero si algo debiera llamar más la atención que una cabeza cercenada, es el pecho izquierdo de la viuda. Con el pezón oculto, a diferencia de la mama derecha, muestra un enorme bulto en los cuadrantes superiores. Lo más probable es que no se trate de ningún cáncer. Aunque no se pueda descartar esta patología, la forma lobulada de la lesión y su gran tamaño sin otros signos clínicos asociados, sugieren más que se trate de una lesión benigna superficial como, por ejemplo, un lipoma o tumor de grasa. También va a favor de esta impresión, que la modelo que pintó Rubens fuera probablemente su primera mujer, Isabella Brant (1591-1626), que falleció doce años después víctima de la peste. Un tumor maligno de semejante tamaño hubiera acabado antes con su vida.

De todos modos, y tal como dijo el pensador chino Lao-Tse (*c.* siglos VI y IV a. C.), «Un viaje de mil millas comienza con un primer paso», y cualquier tumor palpable, benigno o maligno, empezó tiempo atrás —lo más habitual son varios años— como un grupito de células invisibles a simple vista.

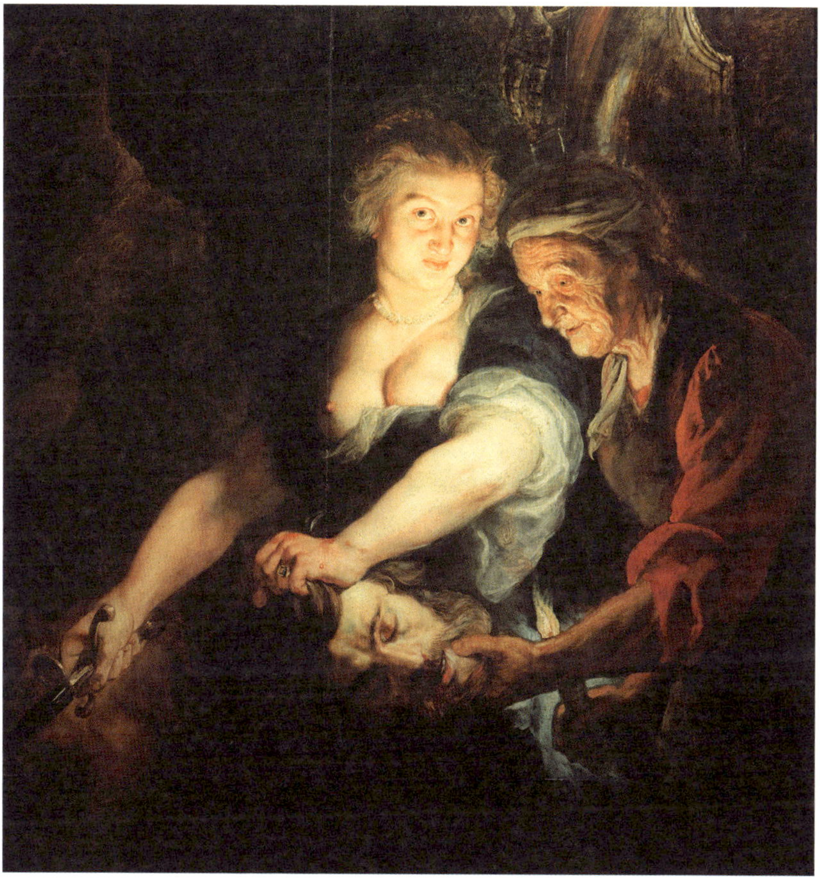

mammae momenta

LOS ESTADIOS DEL CÁNCER DE MAMA

Una vez diagnosticado un carcinoma de mama es interesante conocer la fase en la que se encuentra. Habrá cánceres indolentes que pueden tardar años hasta ser detectados, mientras que otros debutarán en cuestión de semanas o incluso de un modo terriblemente aparatoso. Ese debut es de gran importancia porque puede marcar el pronóstico de la mujer afecta. Por eso, al igual que en el resto de los tumores del cuerpo humano, se han establecido unos estadios (cinco, concretamente) que describen la fase en la que se encuentra el cáncer de mama y que se basan en el tamaño del tumor (representado con la letra T), la afectación ganglionar (N) y la presencia de metástasis (M). Se asigna un número a cada categoría y, en función de esta clasificación, conocida como TNM, se incluye el tumor en un estadio u otro.

Los carcinomas *in situ*, cuyas células no han salido del lugar de origen del tumor, se incluyen en el estadio 0.

A los tumores invasivos o infiltrantes les asignamos el resto. El estadio I es para los de pequeño tamaño y sin afectación ganglionar, que se conocen como tumores tempranos. Los tumores de tamaño superior a los dos centímetros, pero inferior a cinco centímetros, también llamados localizados, se incluyen en el estadio II. No importa si existe afectación ganglionar siempre que sea discreta. Los tumores de mayor tamaño pero sin ningún ganglio positivo también forman parte de este estadio.

Hasta aquí, los tumores de mejor pronóstico. El cien por cien de las mujeres con un cáncer de mama en estadio 0 sobreviven a los cinco años. Este porcentaje va descendiendo progresivamente conforme se incrementa el estadio, hasta llegar al noventa por ciento en el estadio II. Sin embargo, a partir de ahí, la cosa cambia.

Por suerte son pocos, pero todavía nos encontramos con tumores de tamaño superior a cinco centímetros y con muchos ganglios afectos, que incluso pueden presentar afectación de la piel o de la pared torácica. Son los que conocemos como tumores localmente avanzados o en estadio III. En estos casos, la supervivencia a los cinco años desciende hasta el sesenta por ciento. Entre algunos de los signos clínicos más llamativos están la retracción del pezón o de la piel próxima a la lesión, úlceras y cambios de coloración del pezón o de la piel. En la axila es posible palparse los ganglios. Si son muchos o grandes pueden llegar a comprimir los capilares linfáticos, lo que impide el flujo linfático y acaba produciendo edema de la piel o de la mama. Piensa en una manguera por donde fluye el agua de un grifo. Si la pisas con el pie, es lógico que la porción de tubo que hay entre el grifo y tú aumente progresivamente de tamaño.

También quisiera describir un tipo de cáncer que, si bien es poco frecuente —es más común en países del norte de África—, no nos debe resultar extraño. El carcinoma inflamatorio, tal y como dice su nombre, es la manifestación de un carcinoma de mama con signos inflamatorios y no como el típico bulto que podemos esperar. La mama se muestra eritematosa (roja, azul o morada) en más de una tercera parte de su extensión. Y también es común el edema de la piel y de la mama. Esta hinchazón es debida a la obstrucción de los capilares linfáticos de la dermis (la capa profunda de la piel) por émbolos de células tumorales. En este caso, a la manguera le llegan los restos de barro y otras porquerías provenientes del agua del grifo, impidiendo un flujo adecuado del líquido. Cuando este edema o hinchazón es importante, puede palparse duro y caliente, asemejándose a una mastitis infecciosa. También es frecuente la aparición de un punteado a lo largo de esta piel engrosada, que la asemeja a una piel de naranja. Cuando se sospecha un tumor inflamatorio, suele biopsiarse la piel para confirmar estos émbolos tumorales. La técnica de biopsia cutánea se conoce como *punch* o en sacabocados, y para realizarla se utiliza un bisturí circular con el que se extrae un pequeño cilindro de tejido.

Cuando el cáncer, sea del tamaño que sea, debuta con afectación a distancia, es decir, con metástasis, nos encontramos con un tumor en estadio IV o metastásico. Los lugares donde el cáncer de mama disemina a distancia más frecuentemente son el hueso, el pulmón, el hígado y el cerebro. A menudo debutan con síntomas que nada tienen que ver con la mama como, por ejemplo: dolor o fracturas óseas, dificultad para respirar, coloración amarilla de la piel (ictericia), dolor de cabeza y cambios de personalidad, respectivamente. Ante un diagnóstico de cáncer de mama metastásico, la supervivencia a los cinco años desciende de un modo considerable hasta cerca del veinticinco por ciento, aunque los nuevos tratamientos permiten alargar el tiempo de supervivencia añadiendo, además, una mejor calidad de vida.

Los signos clínicos de un carcinoma localmente avanzado son bastante más fáciles de detectar que los de un carcinoma en un estadio temprano. Tanto es así que son varios los pintores que han reflejado la enfermedad de las modelos en sus obras. A diferencia de los casos descritos en el capítulo anterior —la mayoría de ellos fruto de especulaciones— los siguientes casos son bastante patentes y ofrecen poco margen de discusión.

Michele di Ridolfo del Ghirlandaio (1503-1577) fue un pintor italiano cuyo estilo, al igual que el del resto de pintores manieristas, se caracterizó por cierto alejamiento de las normas y de la armonía vigentes hasta entonces durante el Renacimiento. Son varios los desnudos representados por el italiano, pero quisiera destacar uno de ellos, el representado en *La notte (La noche)* y que imita a la escultura, también manierista, de Miguel Ángel Buonarroti (1475-1564), situada junta a la tumba de Juliano II de Médicis (1479-1516) en la basílica de San Lorenzo de Florencia. *La notte* está representada por una mujer torsionada de tal modo que su busto queda orientado en dirección a quien la observa. A pesar de la similitud entre ambas obras, existe un detalle de la modelo pintada que no se identifica en la modelo esculpida. El pecho izquierdo de la primera aparece distorsionado y con el pezón retraído de tal forma que existe una evidente asimetría de tamaño entre ambas mamas.

Se trata de un signo bastante común del cáncer de mama avanzado y que también reflejó otro pintor manierista italiano contemporáneo del autor de *La notte*, Maso da San Friano (1531-1571). El florentino pintó *La alegoría de la fortaleza*, donde la modelo muestra una retracción considerable de los cuadrantes inferiores de la mama izquierda, asociada a una hendidura y cambio de coloración del pezón.

Hallazgos similares aparecen en las obras de otros pintores famosos. Entre ellos, Rubens o Rembrandt (1606-1669). Cuando uno observa con atención *Las tres Gracias*, puede apreciar cierta retracción en el pecho izquierdo de la mujer situada junto a la fuente con forma de cornucopia dorada. Lo mismo, aunque más evidente, sucede con *Betsabé con la carta de David* (o *Betsabé en el baño)*, donde la retracción asociada a un cambio de coloración de la mama izquierda se acompaña además de unos bultos cercanos a la axila, sugestivos de adenopatías o ganglios afectados.

Te habrás fijado en como todas estas mujeres guardan otro aspecto en común, más allá de su cáncer avanzado de mama: la afectación del lado izquierdo. Muchos estudios afirman que el pecho izquierdo se afecta con más frecuencia que el derecho, pero esta diferencia en realidad es escasa y no suele ir más allá del diez por ciento.

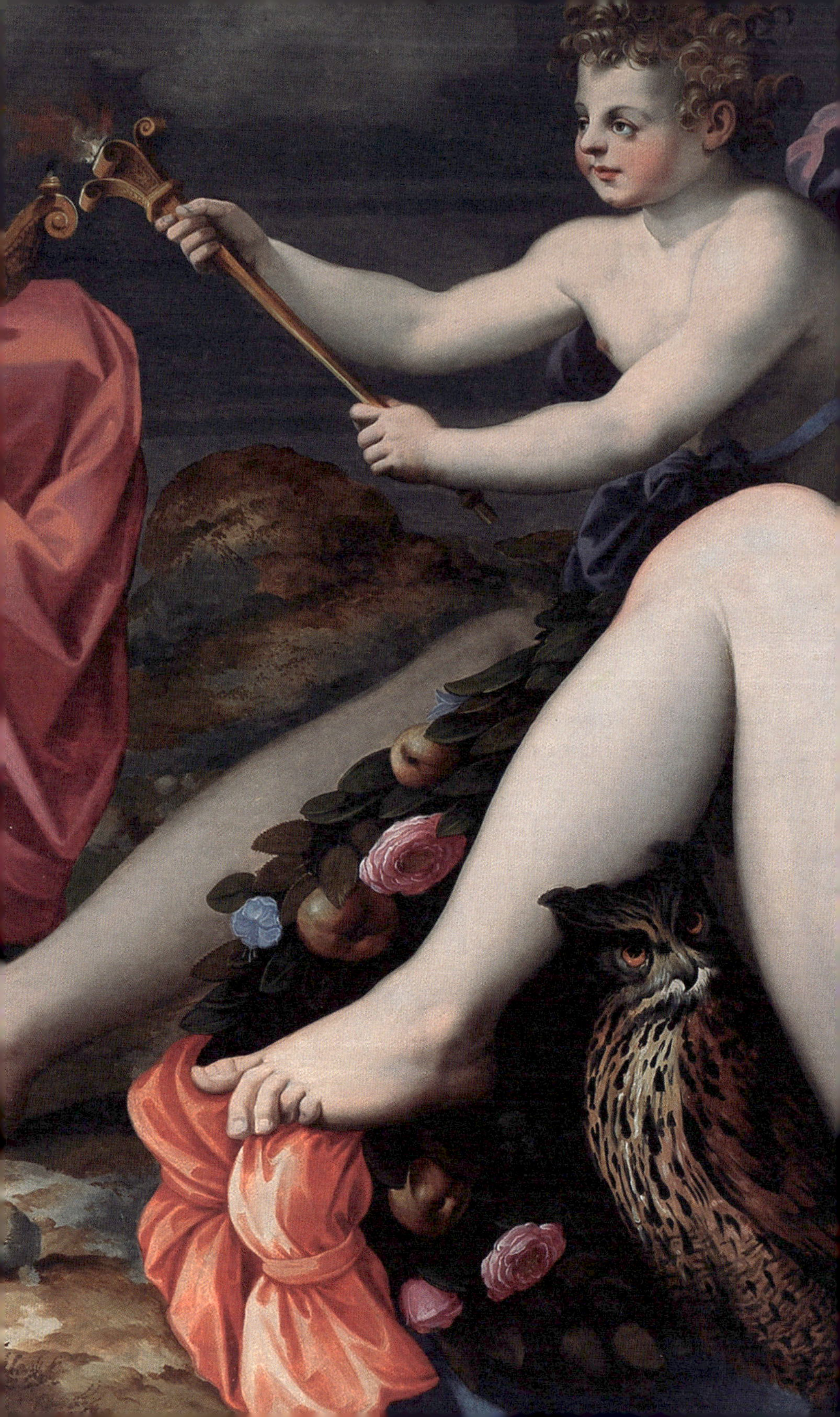

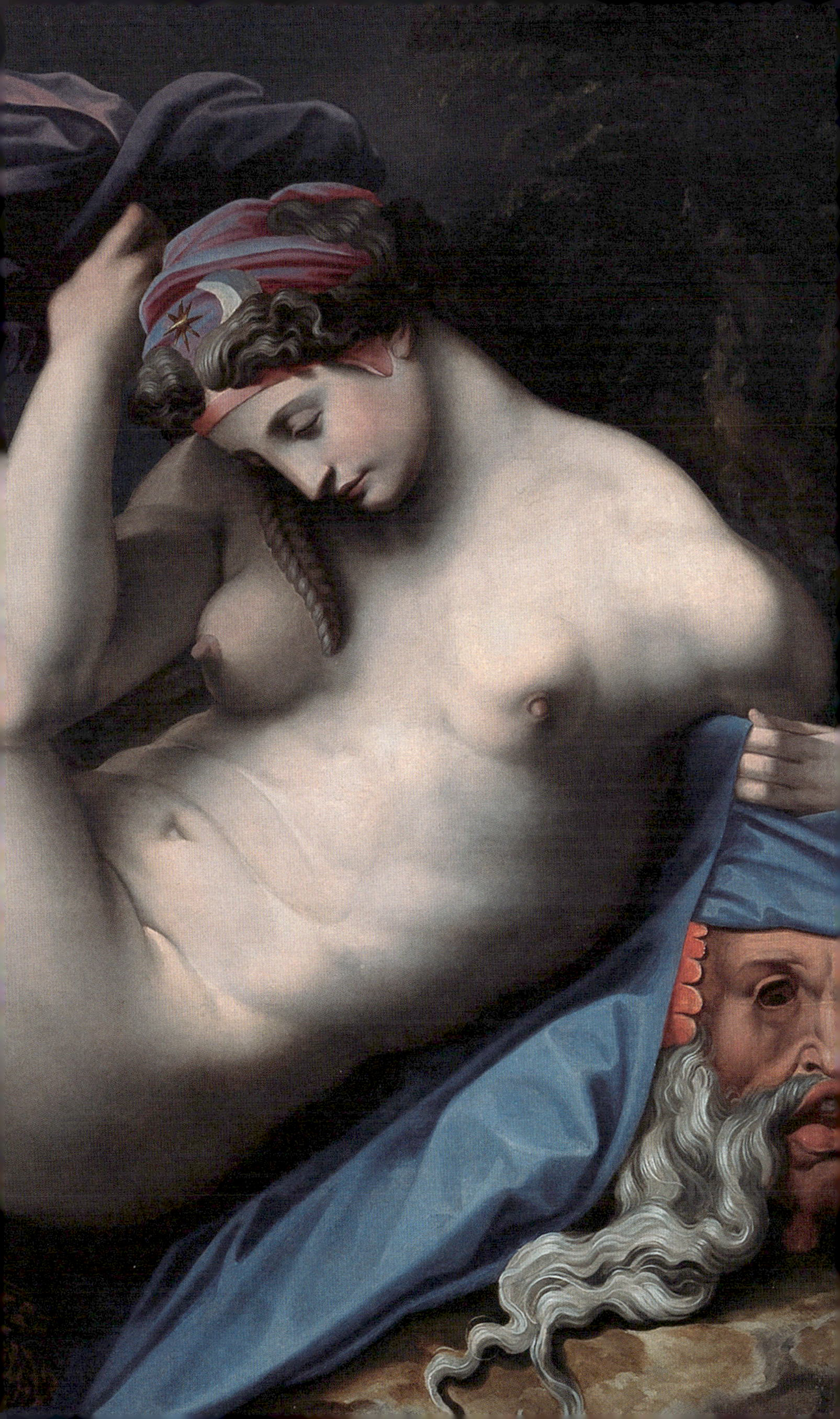

Una de las acepciones del adjetivo «siniestro», más conocido en cambio como sinónimo de «dañino», «tenebroso» o «malintencionado», es que está en el lado izquierdo. Proviene del latín *sinister,* que significa «izquierdo», pero tan solo el italiano lo utiliza comúnmente (*sinistra,* «izquierda»). Siniestra coincidencia, o no, la de estas mujeres, no hay que olvidar que la palabra «seno» proviene del latín *sinus,* «el pliegue hueco que quedaba en el lado izquierdo de la toga».

mamma intra magneticam machinam

LA RESONANCIA MAGNÉTICA

Cuando de noche contemplas un cielo limpio de nubes, destaca el brillo de una estrella situada a 8,6 millones de años luz de nuestro planeta. A simple vista te es imposible darte cuenta de la verdadera naturaleza de Sirio, compuesta, en realidad, por dos estrellas. Y es que una gran parte de las estrellas que se observan como puntitos brillantes son sistemas dobles o múltiples. Sin embargo, la distancia a la que se encuentran y la limitación visual de los humanos te impiden apreciarlo.

Lo mismo sucede con el cáncer de mama. Cuando el tumor es único y se encuentra en un solo cuadrante de la mama (piensa en dos líneas imaginarias, una vertical y otra horizontal, cuyo punto de intersección es el pezón; cada una de las cuatro secciones resultantes es un cuadrante), lo llamamos tumor unicéntrico o unifocal. Si en el mismo cuadrante se encuentran más focos, el tumor se denomina mutifocal, y si los diversos focos están repartidos por los diferentes cuadrantes, lo llamamos multicéntrico.

Con menor frecuencia, pero más a menudo de lo que uno se esperaría, los tumores pueden darse simultáneamente en ambas mamas y entonces es considerado como un tumor bilateral.

Los métodos de imagen convencionales como la mamografía y la ecografía nos ayudan a detectar y caracterizar las lesiones, pero a menudo resultan insuficientes para definir con exactitud el tamaño de un tumor o la presencia de más focos tumorales asociados. Estos datos, que son claves para trazar el mapa exacto de la lesión y optimizar así la cirugía, nos van a venir dados por otro método de imagen que no utiliza radiaciones ionizantes. Se trata de la resonancia magnética o RM (el acrónimo RMN, con la N de nuclear, está en desuso).

Un resonador es una especie de túnel corto con un orificio central cilíndrico por donde se introduce la mujer estirada boca abajo sobre una camilla. Y, más exactamente, sobre un dispositivo colocado a la altura del pecho, con dos orificios en el interior de los cuales se colocan las mamas. El túnel se trata en realidad de un imán gigantesco, por lo que habrá que evitar entrar en la sala con un sujetador, *piercing* o cualquier joya que contenga elementos ferromagnéticos, es decir, que pueden ser atraídos por un imán, como hierro, níquel o cobre. Entre otras complicaciones, podrían producirse quemaduras. También se debe advertir a los técnicos que realizan la prueba si se es portadora de cualquier elemento metálico como un marcapasos, un implante coclear o determinadas válvulas cardiacas, por ejemplo, para que estos valoren si es posible realizar la prueba con total seguridad. Los implantes de la boca, las prótesis ortopédicas o los dispositivos intrauterinos no van a suponer en general ningún problema.

Cuando una persona entra en el resonador, los protones (elementos de los átomos con carga positiva) de hidrógeno de su organismo se alinean en la dirección del campo magnético generado por el imán. A partir de entonces el técnico aplica diversas ondas de radio que son captadas por una especie de antenas situadas en los cuencos donde están colocados los pechos. Estas radiofrecuencias atraviesan las mamas interrumpiendo el baile ordenado de los protones, que empiezan a girar, o resonar, en otra dirección. El técnico va jugando a lo largo del estudio con las radiofrecuencias y con los imanes del resonador, lo que genera unos cambios que se traducen en una serie de imágenes.

Pero, no contentos con alterar el campo magnético del resonador, también nos gusta modificar el campo magnético de las mamas y por ello inyectamos un contraste endovenoso antes de empezar el estudio. Se trata de un compuesto de gadolinio muy seguro, aunque eso no significa que raramente pueda provocar algunas reacciones adversas como calor, náuseas, picor o habones en la piel. Este contraste endovenoso llega a esos pequeños vasos sanguíneos neoformados alrededor del tumor y, a través de sus agujeritos (recordemos que son unos capilares de mala calidad), se extravasa al tejido intersticial (entre las células y los vasos) del mismo, dando cuenta de su forma y de su tamaño, entre otras características.

El estudio de extensión con la RM es muy importante porque se trata de una técnica muy sensible que aporta información acerca del tamaño del tumor, de la presencia de más focos alrededor o en otros puntos de la misma mama o de la contralateral, o bien de su agresividad. También permite identificar ganglios en las axilas o en la región paraesternal (escote). Toda esta información será de gran utilidad para realizar un mejor estadiaje del tumor.

Hay que tener en cuenta, sin embargo, que cualquier hallazgo sospechoso de la RM que pueda suponer un cambio en la actitud terapéutica prevista inicialmente debe confirmarse con una biopsia. Por ello, no es de extrañar que tras una RM se vuelva a citar a la mujer para realizar una ecografía selectiva, es decir, centrando toda la atención en un único punto de la mama coincidente con el hallazgo de la RM. Si se consigue identificar con la ecografía y parece sospechoso, se biopsia. Si, por el contrario, no se llega a ver, es cuando se opta por realizar una biopsia guiada con la RM. No es una técnica difícil, pero sí más laboriosa para todos que la guiada por ecografía y, por eso, no se suele acudir a ella de entrada.

Algunos centros utilizan como sustituto o como complemento de la RM la mamografía con contraste. Al igual que la RM, ofrece una imagen funcional y no solo anatómica (como es el caso de la mamografía o la ecografía), ya que nos muestra el comportamiento del tumor y no solo su forma. En este caso, el contraste que se inyecta por vía endovenosa es distinto al gadolinio de la RM. Está compuesto por yodo, como el usado en la tomografía computarizada (TC; ya no suele utilizarse el acrónimo TAC) o escáner. También es muy seguro, pero hay que ir con cuidado cuando se realiza con personas que tienen la función renal algo disminuida.

Una vez detectado un carcinoma invasivo y, si existe la sospecha de que puede haber afectación más allá de la mama o de los ganglios, se suelen realizar otras pruebas de imagen como, por ejemplo, una gammagrafía ósea, una radiografía de tórax, una ecografía del abdomen o una RM cerebral. No hay que olvidar la capacidad del cáncer de mama para metastatizar en los huesos, los pulmones, el hígado o el cerebro. A veces, en cambio, se opta por una TC del tórax y del abdomen, o bien por una técnica sobreañadida a esta y más sofisticada aún: la tomografía por emisión de positrones o PET-TC.

Los poco más de veinte minutos que suele durar una resonancia de mama pueden resultar eternos a las mujeres con claustrofobia. Una sensación parecida a la de estar metida dentro de un aparatoso y ruidoso cilindro hueco debieron de sentir los casi veinte artistas austríacos que en las postrimerías del siglo XIX decidieron abandonar la principal asociación de artistas de su país, en protesta por el ambiente conservador, mercantilista y en cierto modo asfixiante que esta representaba. Estos idealistas primaban el arte por el arte. Querían experimentar y abrirse al mundo, donde por entonces empezaba a triunfar el llamado Modernismo, Art Nouveau, Modern Style, Floreale o Jugendstill, según fuera el país.

El grupo se denominó Wiener Secession, o Secesión vienesa, y su epicentro se situó no muy lejos de la concurrida Karlsplatz de Viena, donde erigieron un pabellón de exposiciones. El ayuntamiento les cedió el terreno y el padre del filósofo Ludwig Wittgenstein (1889-1951) sufragó los gastos. Obra del arquitecto secesionista Joseph Maria Olbrich (1867-1908), se alza a la izquierda de una escultura que muestra a un Marco Antonio en actitud perezosa, símbolo del arte contra el que este grupo se rebelaba. Si hay un elemento que destaca de este edificio predominantemente blanco es la cúpula dorada sostenida por cuatro pilares y constituida por múltiples hojas de laurel, también doradas. Lo que para mi cerebro sesgado parece una mama, los habitantes de Viena enseguida lo apodaron *Krauthappel*, que es tal y como en Austria se denomina al repollo.

Cuando uno pretende subir por los escalones que conducen a la entrada se topa con dos frases escritas en letras también doradas que contrastan con el color blanco de las paredes. En el lateral izquierdo de la fachada: *«Ver Sacrum»*, que significa «primavera sagrada», evocando la estación en la que se originó la Secession, y que serviría como título de la publicación que utilizaron los secesionistas como órgano de expresión. En la fachada, en un frontal situado encima de las escaleras: *«Der Zeit ihre Kunst, der Kunst ihre Freiheit»* («A cada tiempo su arte, y a cada arte su libertad»). Más atrás hay tres gorgonas (que simbolizan la arquitectura, la pintura y la escultura) colocadas encima de unas imponentes puertas de bronce, que fueron realizadas por Georg Klimt (1867-1931), hermano del que fuera el primer presidente del movimiento, el célebre pintor Gustav Klimt (1862-1918).

Con fama de gran mujeriego, fue tan popular como polémico. *Pintor de mujeres*, tal y como titula la alemana Susanna Partsch (1952) uno de sus libros dedicado al artista, Klimt las solía pintar desnudas, con lo que a menudo sus obras fueron tildadas de pornográficas e inmorales. Un claro ejemplo lo constituyen los tres cuadros que le fueron encargados para decorar el techo del aula magna de la Universidad de Viena. Los tres lienzos, dedicados a la filosofía, la medicina y la jurisprudencia, sumaban casi 40 metros cuadrados repletos de desnudos. Su exhibición previa en el pabellón de la Secession fue un auténtico escándalo. Klimt optó por retirarlos y jamás ocuparon el lugar que en un principio se les había asignado en la universidad.

El orgullo del pintor resultó tan tocado que optó por una respuesta pictórica. *A mis críticos,* que más tarde cambió por *Peces dorados,* retrata a unas ninfas con forma de mujer, entre las que destaca en el centro una de ellas con una espléndida melena pelirroja. Da la espalda al observador adoptando una posición sensual y suficientemente explícita en la que muestra su voluptuoso trasero.

Pero si hay dos obras de Klimt, además de *El beso* (tal vez la más famosa y de las pocas que fueron acogidas con gran entusiasmo), que quisiera destacar son *Las tres edades de la mujer* y *Judith I.* La primera está constituida por tres generaciones de mujeres desnudas, no solo separadas entre ellas por el tiempo, sino también por dos auras multicolores. La mujer de más edad, de costado y cabizbaja, con una melena gris oscura que no deja entrever su rostro, está en el interior de un aura de colores tierra, con predominio del naranja y del marrón. La mujer más joven, de piel blanca, rostro sonrosado y melena pelirroja cubierta con pequeñas flores de colores, posa de frente con los ojos cerrados y la cabeza inclinada sobre la de la niña pequeña, de espaldas al observador, que acoge entre sus brazos. Ambas están envueltas por un aura más vistosa que la de la anciana y en la que predominan los tonos azulados.

En cuanto a *Judith I* (la misma que pintó, entre otros, Rubens), es retratada por Klimt como una *femme fatale* que se aprovechó de su atracción sexual para acabar con la vida de Holofernes. Es un cuadro con una carga erótica impresionante.

Las mamas de las mujeres adultas pintadas por Klimt son increíblemente reales. Casi se pueden palpar, lo que contrasta maravillosamente con el resto de los elementos no corporales de sus obras, para los que el artista austríaco suele utilizar tan solo dos dimensiones, alto y ancho, sin sensación de profundidad.

Se me olvidaba un dato importante. Como buen hijo de un grabador de oro, Klimt utilizó muy a menudo este metal precioso en su obra. Basta el ejemplo de *Judith I* para hacerse una idea de cómo los elementos dorados aumentan el erotismo y la fuerza del cuadro. Según un proverbio chino, «el oro auténtico no le teme al fuego».

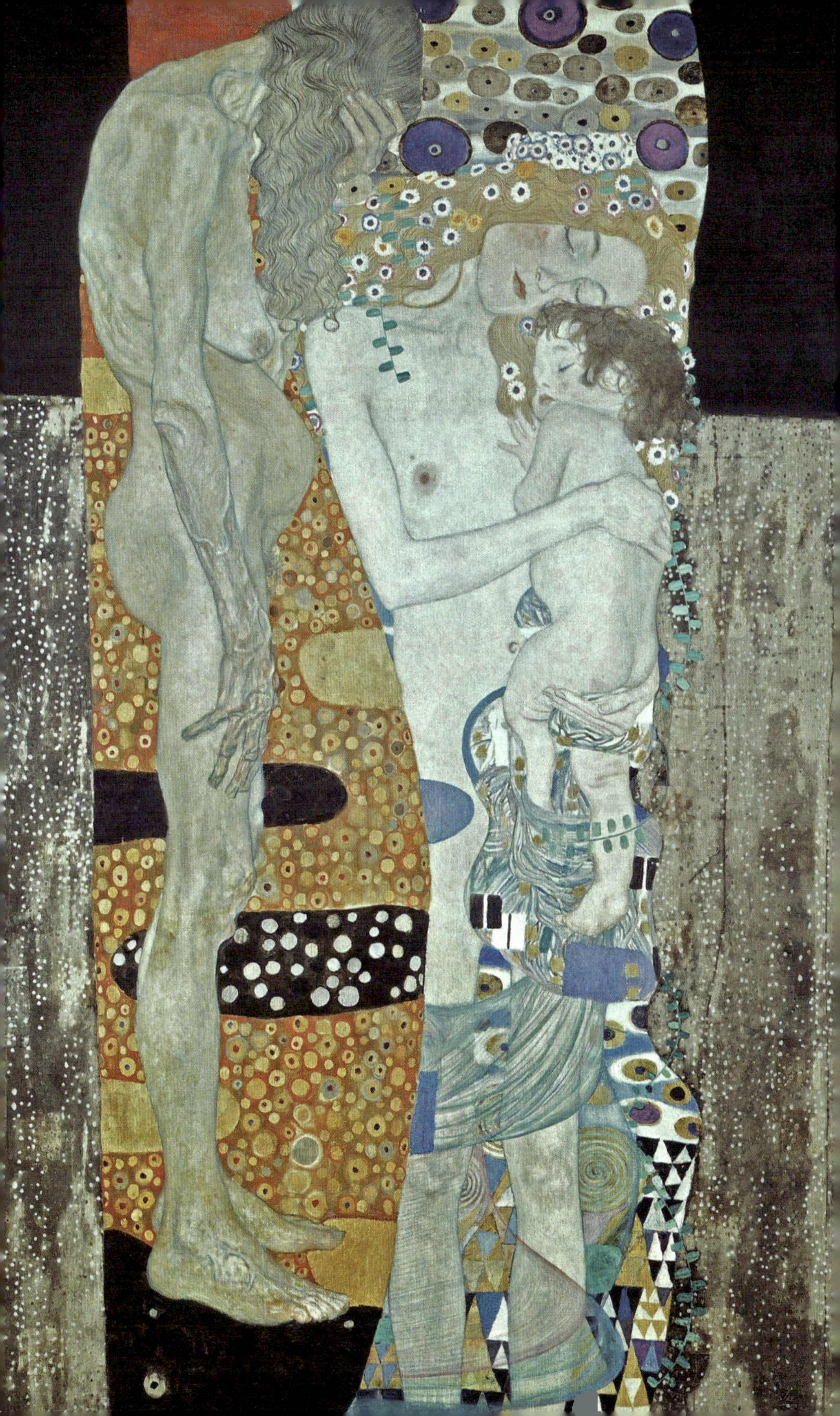

Y yo añadiría que tampoco a la resonancia magnética. A diferencia de otros metales, como el hierro, el cobre o el níquel, el oro no se magnetiza y, por este motivo, es de los pocos con los que se puede entrar dentro de un imán gigantesco como es la máquina en la que se hace esta prueba. También el titanio, que compone los marcadores que se colocan tras las biopsias, las grapas quirúrgicas o las prótesis articulares, por ejemplo.

mamma manu curata

LA CIRUGÍA DE LA MAMA

La cirugía de la mama incluye diferentes escenarios. Por un lado, la exéresis o biopsia quirúrgica de una lesión benigna o de riesgo, cuya única finalidad es ampliar el tamaño de la biopsia percutánea previa. Se trata de una cirugía habitualmente fácil, poco agresiva y con un buen resultado estético. Por otro lado, la cirugía del cáncer de mama, donde debe prevalecer la extirpación total de la lesión con unos márgenes libres de enfermedad y unos resultados estéticos aceptables.

Para entender mejor la diferencia entre ambas, imagínate un aguacate y una manzana. Si lo que quieres es extraer el hueso de un aguacate, bastará con diseccionar la fruta en dos mitades iguales y aplicar un golpe seco con el filo del cuchillo contra el hueso. Sin duda, lo retirarás de un modo limpio y fácil. Ahora considera que lo que tienes es una manzana con una mancha en su superficie. Como quieres comértela, la mondas procurando llevarte la parte dañada. Pero una vez que tienes la manzana pelada, ves que persiste la mancha marrón. Cortas un trocito más, pero sigues viendo la mancha, aunque ahora con menor intensidad. Insistes y, tras cortar un trocito más, ya no existe señal alguna. El aguacate sería la lesión benigna, como un fibroadenoma que crece demasiado o un tumor filodes, mientras que la mancha de la manzana sería un cáncer.

La actitud frente a la manzana conlleva un dilema: cortar una cuarta parte de ella, o incluso la mitad, y así seguro que me queda limpia —eso sí, habré desperdiciado una parte considerable de fruta—, o bien, cortar tan solo un cachito, con el riesgo de que me deje zona dañada y tenga que insistir y volver a cortar un trozo más. El mismo dilema se plantea al planificar el tratamiento quirúrgico de un cáncer: practicar una cirugía conservadora, en la que se extirpa parte de la mama (tumorectomía, segmentectomía o cuadrantectomía, según sea menor o mayor el tamaño de la pieza resecada) o bien practicar una mastectomía, en la que se extirpa todo el pecho. De ahí la importancia de saber en qué estadio se encuentra el tumor, es decir, de conocer con exactitud su extensión. Y, en este sentido, el papel de la resonancia magnética y de la ecografía axilar es primordial. Si de entrada se hubiera sabido que la mancha de la manzana era muy superficial y del tamaño de un guisante, no hubiera sido necesario realizar el mismo corte que si se hubiera sabido que el daño de la manzana ocupaba el volumen de una pelota de tenis de mesa. El papel de la cirugía en la axila lo comentaré en el siguiente capítulo.

Afortunadamente, los tratamientos quirúrgicos son cada vez más seguros y cosméticos gracias a la oncoplastia. Esta forma de ver la cirugía pretende preservar el contorno de la mama y conseguir que los volúmenes de ambas queden lo más simétricos posible. Para conseguir estos resultados estéticos los especialistas deben tener en cuenta no solo el estadio de la lesión, sino también la localización del tumor, el volumen mamario y el contorno o ptosis de la mama (lo caída que está).

Son muchas las técnicas disponibles en función de las necesidades específicas de cada persona. Para solventar la disminución de tamaño de la mama operada puede hacerse una reducción de la mama sana. En el caso de una mastectomía, el muñón puede reconstruirse con un implante o con tejido autólogo, es decir, que proviene de otras zonas del cuerpo. En el primer caso, antes de colocar un implante se tendrá que insertar un expansor. Se trata de una especie de prótesis con un dispositivo especial que permite ir inyectándole suero las veces que sean necesarias, hasta lograr un tamaño óptimo con el que dilatar el espacio del muñón y conseguir, así, el suficiente como para poder implantar después la prótesis definitiva. En el segundo caso, el relleno puede realizarse con musculatura de la barriga (músculo recto abdominal), lo que llamamos TRAM, o de la espalda (músculo dorsal ancho), o bien con un trozo de piel y grasa de la barriga, lo que se conoce como DIEP.

Otro de los aspectos de la cirugía oncoplástica es intentar reducir la visibilidad de las heridas quirúrgicas, por eso se procura hacer abordajes alrededor de la areola, en el surco inframamario o incluso en la axila. Además, una cirugía conservadora debe acompañarse de la marcación o localización prequirúrgica de la lesión.

En definitiva, quien opere debe conocer siempre la localización y el tamaño de la lesión, lo que puede resultar complejo en el caso de aquellas lesiones no palpables. Por todo ello, el radiólogo se guía con los diferentes métodos por imagen para indicar cuál es la lesión que hay que extirpar. Este procedimiento se puede realizar de diversos modos según las características intrínsecas de la lesión, así como de la experiencia del equipo de radiología, medicina nuclear, ginecología o cirugía. Se puede insertar una guía metálica conocida como arpón (por su similitud con el arma utilizada para la pesca), una semilla del tamaño de un grano de arroz metálica o cargada con un material radioactivo o incluso inyectar directamente una pequeña cantidad de líquido radioactivo dentro de la lesión. No hay que preocuparse por la radioactividad. Es mínima como para no tener efectos sobre el organismo, pero suficiente como para ser detectada en el momento de la cirugía. Se han intentado otros métodos como la radiofrecuencia y, con menos éxito, la inyección de una solución de carbón o de tinta. Estos procedimientos suelen realizarse durante el mismo día o bien un día antes de la cirugía. Una vez en el quirófano, se tiene que extirpar el arpón con el tejido de alrededor, o bien la zona marcada radioactivamente, que será detectada con los pitidos de un contador Geiger.

También se pueden realizar mastectomías subcutáneas, es decir, respetando la piel, e incluso manteniendo también el pezón. Si no es posible esta última opción, se realizan tatuajes que lo simulan a la perfección. En cualquier caso, son los equipos de ginecología o cirugía (según el centro hospitalario, operan unos u otros) y el de cirugía plástica los que aconsejan sobre la opción más adecuada.

Las amazonas eran unas mujeres guerreras que, según la mitología griega, descendían de Ares, dios de la guerra, y Armonía, una ninfa, y vivían en unas tierras cercanas al mar Negro. Constituían un reino de mujeres instruidas en las artes de la caza y de la guerra, que tan solo visitaban los reinos vecinos una vez al año, con la idea de yacer con los hombres de esas tierras y así procrear. Si los recién nacidos eran niños los devolvían a sus padres o, simplemente, los mataban. Si eran niñas, las criaban y educaban entre ellas con un fin militar.

Este rol invertido, según los griegos, dio pie a multitud de leyendas y mitos al respecto. La creencia más conocida deriva del sentimiento patriótico de algún griego de la época clásica que afirmó que el nombre de estas mujeres guerreras provenía del griego *amazos (a,* «partícula negativa», y *mazos,* «pecho»). Se inventó la historia de que las amazonas se cortaban o quemaban el pecho derecho para así manejar mejor el arco. Ya puedes imaginarte, si eso fuera cierto, la cantidad de muertes por infecciones y sangrados que habrían sufrido estas mujeres. Lo curioso es el éxito que ha tenido este mito a lo largo de la historia, aunque sea un éxito relativo, ya que la mayoría de los artistas, griegos y romanos incluidos, nunca reflejaron este hecho en sus obras. La mayoría de las amazonas aparecen representadas con los dos pechos, o al menos uno, al descubierto y sin signos de mastectomía alguna.

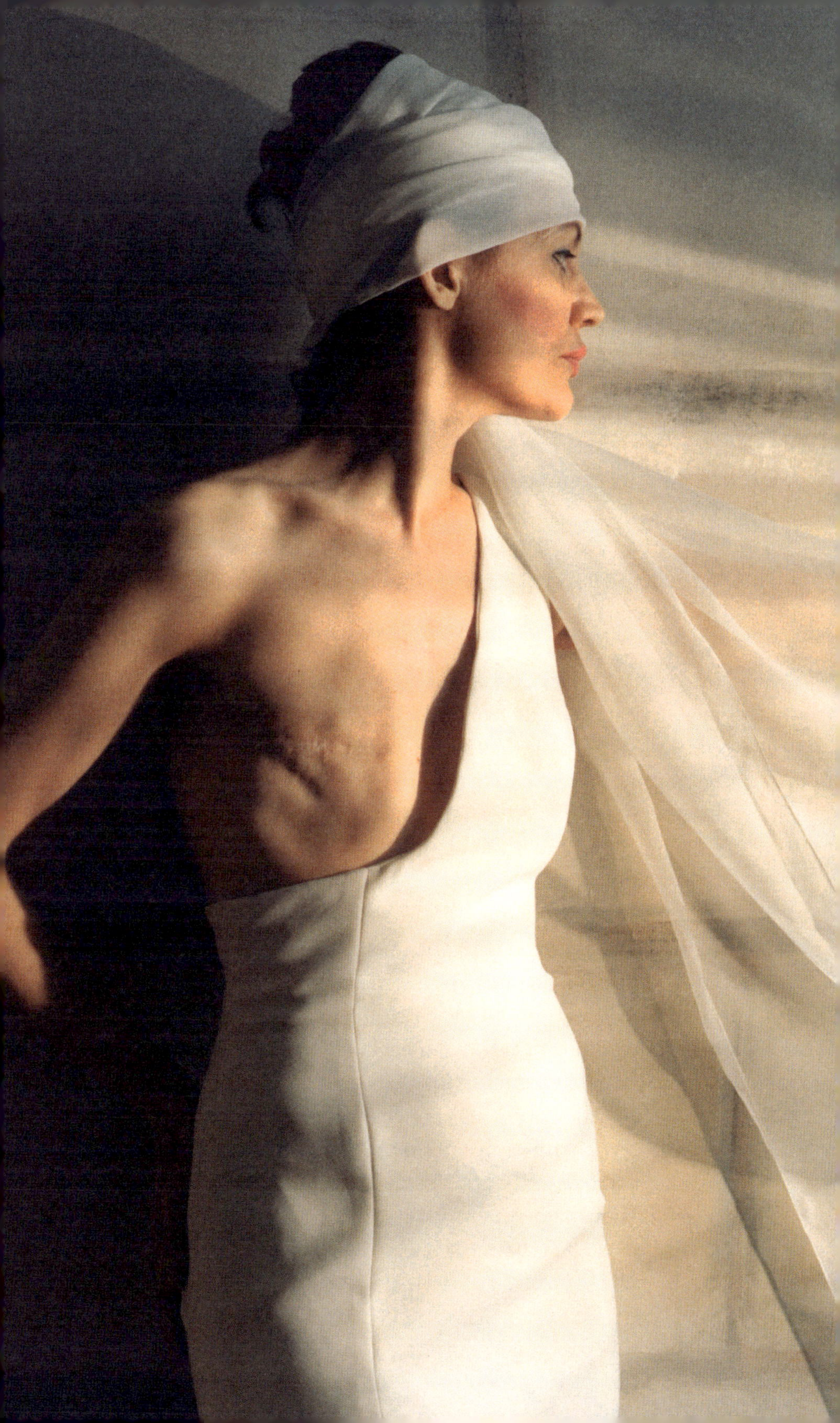

Cuanto más machista es una sociedad más difícil es de entender —pero también de quitarse de la cabeza— la existencia de estas mujeres. Por eso, cuando Francisco de Orellana (1511-1546) estaba navegando en 1541 por el segundo río más largo del mundo (fue el primero en completar su trayecto de más de 6.000 kilómetros) y se topó con una tribu de tapuyas, cuyas mujeres luchaban ferozmente contra sus hombres, no pudo evitar pensar en ellas. La expedición del conquistador español las describió como de piel blanca, muy altas, con largas melenas y con los pechos al descubierto. No dudó en compararlas con las amazonas y de ahí el nombre del río más caudaloso del mundo, que cruza transversalmente América del Sur.

Luchadora como una amazona, y también con el pecho derecho mastectomizado, la polifacética Joanne Motichka (1954), más conocida como Matuschka, causó sensación en verano de 1993, cuando apareció una foto suya como portada de la revista dominical de *The New York Times*. Titulada *Beauty out of damage* (una traducción aproximada podría ser *El daño se vuelve belleza)* muestra a la fotógrafa, artista, modelo y activista neoyorquina posando con un sencillo vestido de color blanco y con unas telas del mismo color, que la cubren casi en su totalidad. Solo casi, porque su pecho derecho queda al descubierto, mostrando la cicatriz de una mastectomía. La ligereza de las telas blancas sobre un fondo gris contrasta con la fuerza expresiva de la imagen mutilada.

El *topless* digamos que «diferente» de Matuschka provocó un gran revuelo entre la sociedad norteamericana, pero proporcionó visibilidad a una realidad que había permanecido oculta hasta entonces a los ojos de la mayoría. La sociedad, poco acostumbrada a la aparición más o menos inesperada de un pecho femenino en público —basta recordar la polémica actuación de la cantante estadounidense Janet Jackson en el descanso de la Super Bowl de 2004, cuando exhibió su pecho derecho ante millones de telespectadores después de que su compañero de escenario, Justin Timberlake, le rasgara más o menos intencionadamente la ropa—, menos lo estaba a la presencia en los medios de una mastectomía.

Nada que ver con la actitud de los ciudadanos de los países del sur de Europa. Y, si no, seguro que recuerdas a la actriz porno Cicciolina (1951), cuya facilidad para enseñar un pecho a la mínima ocasión le granjeó algunas enemistades, aunque tal vez más admiradores, ya que fue elegida diputada al Parlamento italiano por el Partido Radical de Italia. O a la cantante, también italiana, Sabrina Salerno (1968), que en 1987 dejó boquiabiertos a los españoles que estaban viendo la celebración de la Nochevieja de TVE y que fueron testigos de cómo el pecho derecho de la cantante se salió varias veces de su indumentaria al son de *Boys, Boys, Boys.*

Y es que los pechos, presentes o ausentes, siguen y seguirán dando todavía mucho de qué hablar...

mammae vicina

LOS GANGLIOS LINFÁTICOS DE LA AXILA

En la mayoría de las ocasiones se aprovecha la misma intervención quirúrgica para actuar sobre la axila. Recuerda que tras diagnosticar un carcinoma invasivo debe descartarse su afectación. La ecografía axilar tal vez sea el mejor método disponible hoy en día para estudiar esta región anatómica. Sin embargo, no es una prueba óptima, ya que no siempre es capaz de detectar los microscópicos grupos de células tumorales que pueden alcanzar un ganglio. Por otra parte, y a diferencia de un pasado no tan lejano, sabemos que el hecho de encontrar un ganglio afectado no implica que los siguientes (solemos tener muchos ganglios en condiciones normales) también lo estén.

Con la información que se tiene hoy en día, muchas de las linfadenectomías (extirpación de todas las cadenas ganglionares de la axila) realizadas hace años tal vez no hubieran sido necesarias. Haberlas evitado hubiera implicado disminuir la comorbilidad (así se conocen los trastornos que acompañan a un procedimiento diagnóstico o terapéutico) que se asocia a esta técnica. La más importante, la obstrucción de los conductos linfáticos, que impedirá el drenaje del líquido intersticial no solo proveniente de la mama, sino también de la extremidad superior, y que se va acumulando, dando lugar a un edema o hinchazón considerable de esa región, del brazo y de la mano. Esta condición se denomina linfedema.

La pregunta imprescindible es: ¿qué se puede hacer para extirpar únicamente los ganglios afectos de la axila? Para responderla, hay que hacerse primero otra: ¿qué se puede hacer para extirpar únicamente los ganglios axilares con mayor probabilidad de estar afectos? La respuesta implica el uso de una técnica conocida como biopsia selectiva del ganglio centinela. Veamos en qué consiste. Imagina que al llegar un fin de semana de verano te decides por ir a tomar el sol a la playa. Como era de esperar, esa misma idea la han tenido otras muchas personas y, al llegar, te encuentras con una playa muy concurrida. Es tanta la rabia que sientes en ese momento, que tu inconsciente piensa «ojalá que apareciera una ola enorme que alcanzara la playa». Si fuera así, no tendrías forma de saber el punto exacto al que llegaría el agua. En cambio, sí tendrías claro que el mar se tragaría, al menos, las toallas más cercanas a la orilla.

Los ganglios centinelas son también los primeros en afectarse. Si después de una gran ola (como la de Kanagawa), te encuentras con una toalla seca, das por hecho que las colocadas detrás de ella también lo están. Si, por el contrario, te encuentras con una toalla empapada, no vas a saber qué ha sucedido con las siguientes. Tienes que seguir explorando hasta dar con una que haya salido indemne de la masa furiosa de agua.

La biopsia selectiva del ganglio centinela suele realizarse un día antes de la cirugía y consiste en inyectar (habitualmente bajo guía ecográfica) un radiotrazador dentro o en la periferia del tumor. Un radiotrazador consiste en unas partículas pequeñísimas de una proteína (albúmina) marcadas con un isótopo radioactivo de tecnecio. Pese a que el nombre asusta, la radiación es bajísima y no implica ningún problema ni para la mujer ni para su entorno. Parte de la radiación se queda dentro del tumor y el resto se escapa por los canales linfáticos hasta la axila. Una vez encuentran un ganglio se depositan en él. Así pues, este radiotrazador no indica si el ganglio está afectado, sino el primer ganglio que se encuentra tras el tumor. Por eso se lo conoce como centinela.

Una vez en el quirófano y, tras extirpar el tumor, con un contador Geiger se detecta el ganglio con radioactividad y se extirpa. Mientras dura la cirugía, los patólogos examinan el ganglio y llaman a quirófano para informarles de la presencia o no de células tumorales. En caso negativo (toalla seca), no será necesario extirpar más ganglios. En caso afirmativo (toalla húmeda, mojada o empapada, según la menor o mayor carga tumoral), será necesario extirpar la totalidad de ganglios restantes para así analizarlos. Cuando la cantidad de células tumorales en los ganglios es alta, hoy por hoy no se puede evitar la linfadenectomía.

El uso de la biopsia selectiva del ganglio centinela ha dado lugar a una disminución considerable del número de linfadenectomías realizadas y de su comorbilidad. Ya me he referido más arriba al linfedema. Cada vez se utilizan técnicas quirúrgicas mejores y más complejas para evitarlo. Aun así, una vez aparece es de difícil solución. Existen diferentes técnicas, mayoritariamente compresivas, como vendajes o masajes, que favorecen el drenaje de la linfa.

Otra complicación de la cirugía o de cualquier maniobra intervencionista sobre la axila, incluida una simple biopsia o punción del ganglio, puede ser el síndrome de la *axillary web* o telaraña axilar, en el que se forman una especie de cordones fibrosos por debajo de la piel en la región axilar que llegan a condicionar el movimiento del brazo. Se desconoce con exactitud el mecanismo que lo produce, pero suele resolverse en pocos meses con la ayuda o no de ejercicios y fármacos antiinflamatorios.

El cirujano francés Henri François Le Dran (1685-1770) demostró que el cáncer de mama podía extenderse más allá del pecho a través de los ganglios linfáticos de la axila, e ideó una forma de mastectomía para conseguir erradicar el tumor antes de que estos se afectaran. Entre sus múltiples reconocimientos, fue nombrado médico de la corte. Su prestigio, sin embargo, no pudo salvar la vida de Ana de Austria (1601-1666). La reina de Francia y Navarra, madre de Luis XIV (1638-1715), falleció años antes de que el cirujano naciera en la capital francesa, por las complicaciones de un cáncer de mama.

No es el primer caso descrito de esta enfermedad en un personaje histórico relevante*, aunque quizá sea uno de los más mediáticos. *La Gazette*, la publicación semanal que enumeraba las decisiones que se tomaban en la corte, daba fe cada viernes de la desgraciada sucesión de hechos concernientes a la salud de la reina. Lo que empezó como un tumor en la mama derecha acabó extendiéndose al lado izquierdo y, ya finalmente, a los pulmones. Pero, tal vez, lo peor de todo no fue la enfermedad en sí, sino el sinfín de tratamientos desesperados que se le aplicaron para tratar el cáncer y que resultaron no solo insuficientes, sino incluso contraproducentes. Sangrías, cicuta, belladona, arsénico y otros remedios estrambóticos, así como la amputación del pecho derecho gangrenado con un hierro ardiente, no pudieron evitar la progresión de la enfermedad.

Según algunas fuentes, tal era la magnitud de la lesión y el hedor que desprendía el tejido ulcerado que las doncellas que la cuidaban llevaban consigo los *sachets de senteur*, unas bolsitas perfumadas con las que intentaban camuflar la fetidez. Asimismo, la reina utilizaba un abanico rociado con perfume. Todas esas maniobras debieron de resultar inútiles y es de suponer que, más que ocultar el hedor, se superponían a este.

Piensa que en aquella época las medidas de higiene brillaban por su ausencia. Los baños eran prácticamente inexistentes y los olores corporales se disimulaban con perfumes. Si a esto se añade la ausencia de retretes en la mayoría de los palacios, donde cualquier rincón escondido bastaba para dar rienda suelta a la vejiga o al intestino, no es difícil imaginarse el ambiente tan poco propicio para la pituitaria.

---

* El primero fue, muy probablemente, el de la emperatriz Teodora (*c.* 490-548), mujer del emperador bizantino Justiniano I (482-565).

El olor corporal suele ir ligado a un tipo muy concreto de glándulas sudoríparas: las apocrinas. Son una minoría en los humanos, pero lo suficientemente intensas como para hacerse notar. Predominan en las zonas con pelos, como las axilas y el área genital. A diferencia del sudor secretado por las glándulas ecrinas, el sudor apocrino contiene una mayor proporción de grasas y proteínas que, junto a las células muertas que se desprenden y los pelos de estas zonas, constituyen un caldo de cultivo perfecto para el crecimiento de algunos microorganismos. Al metabolizar estos componentes secretados en el sudor, estas bacterias desprenden diversas sustancias volátiles, causantes del mal olor.

El poeta Horacio (65-8 a. C.) llegó a describir a los humanos con olor a sudor como *olidae caprae* (cabras malolientes). Si bien en la Antigüedad trataron de solventar el problema del olor axilar con el baño, la aplicación de sustancias como aceites, canela o cítricos, e incluso la depilación, la Edad Media y el pudor al desnudo corporal supusieron un auténtico varapalo para el olfato. A partir de entonces, los esfuerzos fueron más encaminados a camuflar el olor que a evitarlo. Para ello se solían utilizar unas bolsitas o almohadillas perfumadas que se cosían bajo la ropa.

No fue hasta finales del siglo XIX cuando se inventó el primer desodorante axilar. Fue en Estados Unidos, uno de los países donde hoy en día el uso de este producto está más extendido. Crearon una pomada compuesta por zinc capaz de eliminar de manera eficaz el olor de las axilas —y también, de irritarlas—. Su nombre era Mum y se vendía en cajitas de cartón de color rojo. Posteriormente, fueron surgiendo distintos antitranspirantes en el mercado: Everdry, Odeorono, etc. Los fabricantes se dieron cuenta de que no se trataba de enmascarar los olores, sino de evitarlos.

Pero el salto cualitativo lo dio, a mediados del siglo pasado, una química llamada Helen Barnett Diserens (1919-2008). La estadounidense se basó en el invento más o menos coetáneo del bolígrafo para crear el *roll-on*. Este formato, mucho más práctico, propició el uso cada vez más extendido del desodorante. Poco después, la aparición del desodorante en espray consolidó la fama de este producto.

Uno de los aspectos más curiosos de la historia del desodorante es que su uso estuvo desde un principio dirigido a las mujeres. No fue hasta poco después de la crisis económica de 1929 cuando las empresas publicitarias tuvieron la brillante idea de aprovechar el sentimiento de frustración general para propiciar una nueva necesidad: la higiene masculina. Para ello, animaron a los hombres a cuidar de su aspecto físico, vinculándolo al éxito global en sus vidas.

Está claro que el mejor desodorante lo constituye una buena higiene. Aun así, no hay que temer a los desodorantes ni a los antitranspirantes, salvo aquellos que comporten la obstrucción de los poros cutáneos, lo que puede conllevar problemas inflamatorios o infecciosos. Pese a la publicidad engañosa de algunos medios, todavía no existe ningún trabajo científico riguroso que vincule estos productos al cáncer de mama.

mamma irradiata

LA RADIOTERAPIA

De igual modo que la afectación de algunos ganglios no es evidente a simple vista por las técnicas de imagen, algunas veces existe afectación microscópica alrededor del tumor que ni radiólogos ni cirujanos pueden identificar. Cuando desde el servicio de patología se nos afirma que existe algún margen de la lesión extirpada afectado por el tumor, es necesario reintervenir para ampliar esos márgenes. Sin embargo, lo más difícil de controlar son aquellas células, llamémoslas enfermas, que tras la cirugía persisten indetectables en la mama aparentemente sana y que corren el riesgo, más o menos inminente, de convertirse en tumor y originar una recaída de la enfermedad. Este riesgo es lógicamente mayor para una cirugía conservadora que para una mastectomía.

Para evitar recaídas tras una cirugía conservadora será necesario un método capaz de acabar, o al menos detener, el crecimiento de las células tumorales sin atacar las células sanas. Todo ello se consigue mediante la radioterapia, que se fundamenta en el uso de la radiación ionizante para dañar las células más radiosensibles; es decir, aquellas con una mayor tasa de proliferación (como las tumorales), cuyo ADN está más expuesto. La radioterapia puede utilizar la misma radiación ionizante que se emplea en el radiodiagnóstico (rayos X) o bien otro tipo de radiación ionizante conocida como radiación de partículas, que emplea los diferentes componentes atómicos, como electrones, protones, etcétera. La fuente de radiación puede ser natural (una bomba de cobalto, por ejemplo) o artificial (un acelerador lineal). El empleo de un tipo u otro de radiación, el volumen que hay que irradiar y la dosis empleada dependen de las indicaciones de un médico especialista llamado oncólogo radioterapeuta, que a menudo se confunde (sin tener nada que ver) con el médico radiólogo. Después, son unos físicos quienes calculan cómo dosificar la radiación y unos técnicos radioterapeutas quienes están en contacto con la persona tratada a lo largo del procedimiento y quienes manejan los aparatos.

En el campo de la radioterapia existen diversos tipos de tratamiento —todos ellos con unos nombres rarísimos—, según el modo de administración de la radiación. Cuanto más dirigida vaya esta a la lesión y más respetuosa sea con el resto de las estructuras anatómicas adyacentes, mucho mejor. Por eso se hace necesario planificar previamente la zona a la que va dirigida la radiación con una TC o escáner de planificación. Cuando se prevé la indicación de radioterapia, los cirujanos colocan unos marcadores metálicos alrededor del lecho quirúrgico del tumor extirpado. Estas estructuras metálicas se identifican perfectamente en las imágenes obtenidas con la TC, por lo que sirven como diana para enfocar el haz de radiación hacia la zona de la mama que interesa tratar. A menudo se irradia también este lecho quirúrgico, lo que se conoce como *boost* o sobreimpresión.

Aun siendo lo más habitual, a veces el tratamiento no se aplica externamente, sino que se utilizan unas agujas radioactivas que se introducen dentro de la mama atravesando la zona de interés y que se dejan allí un tiempo determinado. A esta técnica se la conoce como braquiterapia. Otras veces, la radiación se administra en una sola sesión aprovechando el momento de la cirugía. Esta última, conocida como radioterapia intraoperatoria, utiliza un cilindro hueco (parecido al que algunos artistas emplean para conseguir enormes pompas de jabón) que se coloca en el lecho quirúrgico y que permite dirigir selectivamente el flujo de radiación hacia esta zona.

Lo más frecuente, en cambio, es la radioterapia externa, que suele aplicarse en varias sesiones (conocidas como fracciones) a la semana, durante las tres a cinco semanas que dura el tratamiento. Alguna vez puede indicarse más de una fracción al día, lo que llamamos tratamiento hiperfraccionado. O también pueden ofrecerse sesiones más intensas, pero menos frecuentes, es decir, un tratamiento hipofraccionado. En todo caso será el oncólogo radioterapeuta quien indique un tratamiento u otro según el caso.

La radioterapia no solo está indicada tras una cirugía conservadora; ya se está estudiando la posibilidad de realizarla antes de pasar por el quirófano. En casos de gran agresividad tumoral como, por ejemplo, un carcinoma localmente avanzado o un carcinoma inflamatorio, puede indicarse radioterapia tras la mastectomía. Incluso las metástasis o los ganglios de la axila pueden tratarse con ella.

Pero no nos engañemos. Pese a los usos cada vez más controlados y ajustados de la radioterapia, sigue siendo un tratamiento agresivo con ciertas complicaciones posibles, que varían en función del área irradiada. Tras las células tumorales, la piel es la segunda gran castigada. La radioterapia provoca no solo su enrojecimiento, sino también un incremento de la sequedad, sensibilidad, caída del vello e incluso un oscurecimiento debido a la afectación de los melanocitos (las células de la piel encargadas de su pigmentación). Tal vez sea el efecto secundario más frecuente. La afectación cutánea que aparece durante la irradiación puede durar semanas hasta la remisión completa. De hecho, puede notarse, incluso hasta varios años después, un endurecimiento de la mama debido a la asociación entre estos cambios y los debidos a la cirugía. Hay que remarcar que estos daños no son inmediatos, sino que pueden aparecer a lo largo de semanas, meses o incluso años. Del mismo modo, pueden tardar en desaparecer. También es frecuente el cansancio, distinto al habitual (no se resuelve con el descanso) y que cede tras finalizar el tratamiento.

Por último, quisiera mencionar que la proximidad de la mama a los pulmones los hace especialmente sensibles a la radiación. Su inflamación se conoce como neumonitis rádica. En el caso de los tumores que afectan a la mama izquierda, hay que ir también con especial atención para evitar los efectos nocivos de la radiación sobre el corazón. Afortunadamente cada vez existen más técnicas para minimizar las dosis sobre estos órganos.

En el nordeste de Australia, en pleno Océano Pacífico, existe un estado constituido por veintinueve islas y cinco atolones (formaciones de coral con forma de anillo y con una laguna central que comunica con el mar) llamado Islas Marshall. Alejadas de todo y aparentemente olvidadas por la civilización, este paraíso de playas blancas y agua turquesa de Oceanía, hasta hace bien poco dependiente de Estados Unidos, vivió un auténtico infierno a mediados del siglo pasado. Finalizada la Segunda Guerra Mundial, entre 1946 y 1958, uno de sus atolones, con una superficie similar a la de Ibiza, fue el triste testimonio de veintitrés pruebas nucleares, algunas de ellas mucho más potentes que las explosiones de Hiroshima o Nagasaki, que lo volvieron inhabitable. A este atolón se lo conoce como Bikini. Y es que así lo llamaron los alemanes que lo colonizaron y que adoptaron el nombre marshallés *Pikkini*, literalmente, «tierra de cocos».

Era 1946 cuando, por obra del destino, al ingeniero mecánico francés Louis Réard (1897-1984) le tocó ocuparse de la tienda de lencería de su madre, una de las más importantes de París, no muy lejos de la que por entonces regentaba su principal competidor, Jacques Heim (1899-1967). Este último tuvo la, en apariencia, brillante idea de crear el *Atome*, que se encargó de publicitar como el bañador femenino más pequeño del mundo. Fue entonces cuando a Réard, que solía veranear en la Costa Azul francesa, se le ocurrió diseñar una prenda todavía más pequeña, inspirándose en las mujeres que solían mostrar el ombligo al remangarse el vestido de baño en la playa. Tras conocer por la prensa que Estados Unidos había provocado una explosión nuclear en el atolón Bikini, Réard decidió llamar así a su creación, ya que pretendía provocar también una reacción mediática y social similar. Para ello, la publicitó como «la prenda de baño más pequeña que el bañador más pequeño del mundo».

Enseguida se popularizó la controvertida prenda femenina de dos piezas que mostraba el ombligo de quien la llevaba. En España, no obstante, esa exhibición no estuvo bien vista por la censura del régimen franquista ni por el catolicismo más conservador, hasta que en 1953 un hombre de mundo hizo cambiar de opinión al mismísimo Franco (1892-1975). El por entonces alcalde de Benidorm (lo fue durante diecisiete años), Pedro Zaragoza (1922-2008), consideró que el bikini podría ser el motor económico que necesitaba su localidad, hasta esos momentos un pueblo pesquero. Por ello no dudó ni un ápice a la hora de permitir su uso en las playas, lo que le granjeó la enemistad de la Guardia Civil y del arzobispado de Valencia. Ante las continuas amenazas decidió coger su vespa y, tras conducirla durante toda la noche, presentarse en el palacio de El Pardo, la residencia oficial de Franco. El osado alcalde logró convencer al dictador de las virtudes del modelo turístico no solo para la economía de Benidorm, sino también para la de todo el país. En poco tiempo, esta localidad costera del sureste de España se convirtió en la ciudad del mundo con una mayor concentración de rascacielos por habitante.

mammae chartulae

LOS SUBTIPOS MOLECULARES

Como ya hemos visto en capítulos previos, los patólogos se encargan de clasificar los tumores en distintos tipos, según algunas de las características morfológicas identificadas en el microscopio. Sin embargo, en el año 2000, un equipo de investigadores descubrió ciertas similitudes entre las muestras genéticas de un conjunto de tumores, lo que permitió clasificar estas lesiones en cuatro grupos, conocidos como subtipos moleculares: luminal A, luminal B, Her2+ y basal-like.

Los tumores incluidos en cada uno de ellos presentaban un comportamiento clínico similar entre ellos y distinto con respecto a los tumores de los otros subtipos, a pesar de que bajo el microscopio podían tener un aspecto similar. Estos hallazgos aportaban un conocimiento nuevo a la biología del cáncer de mama y justificaban que tumores de aspecto parecido al microscopio se comportasen, en cambio, de un modo muy distinto.

Este descubrimiento, sin embargo, implicaba muchos genes, con lo que hubiera resultado dificultosa su aplicación general. Transcurridos unos años aparecieron las conocidas como plataformas genéticas, que permiten obtener prácticamente la misma información pero con menos genes. Estas son mucho menos costosas en lo que respecta al procedimiento y al tiempo empleados, pero todavía son caras y poco accesibles. Todo ello ha dado pie a idear mecanismos capaces de identificar estos subtipos moleculares de un modo más fácil y rápido de determinar por cualquier laboratorio de anatomía patológica.

La clave radica en las membranas de las células tumorales, que vendrían a ser las paredes que las delimitan, y en el citoplasma, que es el líquido más o menos viscoso que contienen. Imagina ahora una especie de Tetris en el que la base sobre la que van cayendo las piezas geométricas es la membrana celular o el citoplasma. En esta existen unos receptores con diferentes formas. Cuando las piezas que circulan por la sangre coinciden y encajan con las formas de estos receptores, la célula inicia una cadena de procesos que pueden acabar conduciéndola a su transformación maligna. Básicamente, se consideran tres tipos de receptores. Dos de ellos, los de estrógeno y los de progesterona, son hormonales, mientras que el tercero es relativo a un oncogen (tipo de gen con potencial para producir cáncer) llamado de mil maneras, aunque Her2 tal vez sea la más conocida.

Los tumores que expresan receptores de estrógenos se denominan luminales. En función de la capacidad de proliferar de las células tumorales, lo que se denomina índice de proliferación o Ki67, los tumores luminales pueden ser de tipo A-like (de baja proliferación) o B-like (de alta proliferación). Los tumores luminales que además de receptores de estrógenos presentan receptores de Her2 se denominan luminales B Her2+. Cuando los tumores tan solo presentan Her2 se denominan tumores Her2 puros o *enriched.* Y, por último, los que no presentan ninguno de los tres receptores son los tumores triple negativos.

Esta clasificación permite agrupar los tumores de una manera más práctica, y determinar así el tratamiento más indicado en cada caso, conocer la capacidad de respuesta al tratamiento (valor predictivo) y arrojar algunas pistas acerca de la supervivencia (valor pronóstico).

Si en capítulos previos he descrito la cirugía y la radioterapia como dos formas distintas de abordaje, local y regional, respectivamente, en el siguiente voy a referirme a los tratamientos sistémicos, es decir, aquellos que permiten alcanzar zonas del organismo alejadas del tumor principal o primario. Conocer el subtipo molecular de los tumores será primordial para indicar un tratamiento u otro.

Así, por ejemplo, los tumores luminales A-like son los de mejor pronóstico y recaen más rara y tardíamente que los luminales B-like. Los tumores que sobreexpresan Her2, pese tener un peor pronóstico, *a priori*, que los tumores luminales, suelen responder muy bien a unos tratamientos específicos dirigidos concretamente a estos receptores. Los triple negativos son los más agresivos y, pese a responder muy bien al tratamiento, pueden recaer pronto.

Es cuestión de tiempo que se vayan conociendo cada vez mejor los distintos tipos de cáncer de mama, lo que tendría que repercutir en unos tratamientos más individualizados y efectivos. Y es que, como decía Sun Tzu (544-496 a. C.) en su célebre *Arte de la guerra*, «si conoces al enemigo y te conoces a ti mismo, no temas el resultado de cien batallas».

Uno de los culebrones de mayor audiencia televisiva, y a la vez más vilipendiados, lleva por título un explícito *Sin tetas no hay paraíso*. Se trata de una producción de la colombiana Caracol Televisión, basada en la narconovela homónima de Gustavo Bolívar (1966). Su protagonista es una joven de un barrio humilde que ve como a muchas de sus amigas y conocidas les cambia la vida de una forma radical tras ofrecer sus servicios sexuales a narcotraficantes millonarios. Los lujos la tientan hasta tal punto que desea prostituirse para seguir el camino de ellas.

Sin embargo, hay un obstáculo para conseguir esa meta que la obsesiona: el tamaño de sus pechos. Por todo ello, luchará hasta reunir el dinero suficiente para pagarse unas prótesis de mama. ¿Crítica de la sociedad?, ¿denigración de las mujeres?, ¿apología del dinero fácil? Lo que está claro es que, tras el éxito cosechado, diferentes productoras del mundo adoptaron poco después la fórmula de *Sin tetas no hay paraíso* y la adaptaron a las audiencias de sus respectivos países. Entre ellas, la española Telecinco. A pesar de las diferencias entre las distintas adaptaciones y la versión original, el argumento era muy similar. Pero también el éxito y la polémica que la acompañaron, lo que vendría a refutar que, en el fondo, todos los humanos somos muy similares.

Sin tetas no hay paraíso, Sin senos no hay paraíso o *No tits no paradise...* Nos aferramos a los matices para conseguir una identidad propia que nos diferencie de los demás, pero que a la vez nos haga sentir miembros del mismo grupo. Las banderas son los subtipos moleculares de la humanidad. Cada territorio, por pequeño que sea, dispone de unos colores identitarios que se exhiben en edificios públicos o privados, competiciones deportivas e incluso en algunos medios de transporte, como los aviones. La imposibilidad de colocar una bandera sobre estos últimos que soportara las rachas de viento y las grandes velocidades alcanzadas dio pie al uso de unos emblemas circulares conocidos como escarapelas aeronáuticas. Localizados generalmente en el fuselaje o en las alas, su diseño es parecido al de las rodelas (escudos circulares utilizados en combates con espada a lo largo de la historia y adoptados como símbolo heráldico), pero también al de las mamas.

Los primeros en emplearlas fueron los franceses, poco tiempo antes del inicio de la Primera Guerra Mundial, basándose en su emblema nacional. Para ello diseñaron una especie de escarapela con tres círculos concéntricos: el más interno, a modo de pezón, de color azul; el más externo, de color rojo, y, entre ambos, uno de color blanco. Los ejércitos del aire de la mayoría de los países siguen utilizando emblemas circulares con los colores de sus respectivas banderas, aunque los hay mucho más originales, como estrellas, triángulos, cruces o incluso pentágonos.

Pero quisiera prestar atención al emblema utilizado por la aeronáutica británica, la Royal Air Force, que utiliza los mismos colores que su homónima francesa, pero con el orden invertido. Esta peculiar insignia-mama compuesta por tres círculos y con el pezón central de color rojo ha estado vinculada además al *pop art* y a los *mods*, pero también se popularizó al ser utilizada por la mítica banda británica de rock The Who. En uno de sus álbumes, *The Who by numbers*, llama la atención la canción número tres, titulada «Squeeze box». Así se denomina popularmente al acordeón. Tras una letra disparatada y, aunque ellos no lo reconozcan, cargada de simbolismo, se esconde con toda probabilidad una analogía del instrumento musical con la mama.

También disparatada e incorrecta resulta la letra de la canción «Silicone grown», de los británicos The Faces, incluida en el álbum *Oh La La* y publicada dos años antes. Sería interesante preguntar lo que piensa de ella Catalina, la protagonista de *Sin tetas no hay paraíso*.

mammae potiones

LA QUIMIOTERAPIA

Hasta ahora he descrito el tratamiento local y regional del cáncer de mama. Pero ¿qué sucede con las células de un tumor invasivo que se hayan podido escapar y que, dado su minúsculo tamaño, son imperceptibles para las técnicas de diagnóstico por imagen actuales? La respuesta está clara: es imprescindible un tratamiento sistémico que actúe más allá del tumor, por todo el organismo.

La mayoría de los tumores, excepto algunos luminales A, deben tratarse con productos químicos tras la cirugía. Es lo que se conoce como quimioterapia adyuvante. En algunos casos, cuando las lesiones tienen mayor tamaño o bien se comportan de un modo muy agresivo, se utilizan los quimioterápicos antes de la cirugía. De este modo, las lesiones pueden reducir su tamaño —o incluso ¡desaparecer!— y ser más fácilmente operables. Asimismo, es un modo de estudiar la efectividad de un determinado fármaco *in vivo,* es decir, en condiciones reales y no teóricas. A esta última opción terapéutica se la conoce como quimioterapia primaria o neoadyuvante y, cuando con ella no se consigue la respuesta del tumor, todavía existen otras pautas de tratamiento de rescate posible.

Son muchos los fármacos que se disponen en la práctica clínica. La mayoría de ellos atacan de un modo u otro a las células activas que están constantemente multiplicándose y que resultan, por tanto, más quimiosensibles. Tal y como te puedes imaginar, esta medicación afecta a las células tumorales, pero también a las células no tumorales que, en condiciones normales, proliferan incesantemente. Es el caso, por ejemplo, de los folículos pilosos de las células sanguíneas, de las raíces de las uñas y de las mucosas. Así pues, es fácil entender algunos de los principales efectos secundarios de la quimioterapia: la caída del cabello y del pelo en general, la disminución de las células encargadas de la defensa, la afectación de las uñas, que se vuelven oscuras y quebradizas, así como la aparición de aftas en la boca. Los equipos médicos y de enfermería están cada vez más concienciados de ello y adoptan las distintas innovaciones surgidas para reducir estos efectos. Una de ellas, por ejemplo, es el uso de gorros o cascos fríos para enfriar el cuero cabelludo y reducir de este modo la pérdida de pelo.

No hay que olvidar otras células a las que me he referido en uno de los capítulos del principio: los ovocitos. Algunos de los fármacos quimioterápicos producen envejecimiento de los ovarios y daño en los folículos que contienen los ovocitos, por lo que la fertilidad de la mujer puede verse afectada. Afortunadamente, existen técnicas cada vez más innovadoras para preservar ovocitos y fragmentos de ovario sano antes de iniciar la quimioterapia, gracias a las cuales se puede conseguir la gestación una vez completado el tratamiento oncológico.

Los quimioterápicos también pueden producir náuseas, vómitos, diarreas y otras complicaciones que varían en función del tipo de medicación. Para evitarlos o reducirlos al máximo suelen administrarse algunos fármacos antes de iniciar el tratamiento, que suele realizarse en un hospital de día oncológico. Los más habituales son los antieméticos (que evitan el vómito), los corticoides (que reducen la posibilidad de reacciones alérgicas) y los antipiréticos (contra la fiebre).

Para la administración endovenosa de los quimioterápicos suele utilizarse una vía o catéter en una vena del brazo. Como estos tratamientos, que son muy abrasivos, deben repetirse a lo largo de varias sesiones (llamadas ciclos), es posible que tras muchos pinchazos sea muy difícil encontrar el acceso venoso. Es por eso por lo que, en determinados casos, se utilizan catéteres más gruesos en venas de mayor tamaño, generalmente debajo de la clavícula (vía central), o bien dispositivos subcutáneos que se colocan en un quirófano y que proporcionan un acceso venoso permanente.

A continuación, tienes una explicación enormemente simplificada de algunos de los fármacos empleados con mayor frecuencia en la quimioterapia para el cáncer de mama.

Las antracicilinas son unos antibióticos de color rojo y por eso su nombre incluye el sufijo *-rubicina* (como, por ejemplo, la epirrubicina o la doxirrubicina). Aun siendo antibióticos no actúan sobre las infecciones, sino que dañan el ADN de las células tumorales. Son cardiotóxicos y, por eso, antes de utilizarlos debe estudiarse el estado del corazón con pruebas específicas, como la ventriculografía isotópica.

Los taxanos, fáciles de reconocer por el sufijo *-taxel* (como el docetaxel o el paclitaxel), van a impedir el crecimiento del tumor atacando la capacidad de dividirse de las células.

Estos fármacos son los más comunes, pero no los únicos. Al tratamiento de los tumores del subtipo molecular Her2 se les añade también el trastuzumab o el pertuzumab, que son anticuerpos monoclonales que presentan afinidad por aquellas células tumorales que en su membrana sobreexpresan el receptor Her2. Se une selectivamente a estos receptores y los bloquea, evitando así la división celular. Siempre que veas un medicamento con el sufijo *-zumab*, se tratará, pues, de un anticuerpo dirigido a una diana muy concreta.

Los tumores triple negativos se comportan como una montaña rusa. Suelen manifestarse de forma agresiva, pero, sin embargo, responden rápido y bien al tratamiento. El problema es que la respuesta no suele durar mucho. Por todo ello, son un grupo de tumores contra los que se emplean diferentes fármacos, además de las antraciclinas y los taxanos. Unos de ellos, utilizados sobre todo cuando existe una mutación genética de riesgo, son los platinos (denominados así porque contienen el preciado metal), como por ejemplo el cisplatino o el carboplatino.

Y entonces, ¿qué sucede con aquellos tumores como los luminales A, que, *a priori*, no van a necesitar quimioterapia? ¿No van a beneficiarse de ningún tratamiento sistémico? La respuesta es que sí, pero, en lugar de quimioterapia, se utiliza la hormonoterapia. El tratamiento hormonal es muy útil no solo en este tipo de tumores, sino también en los luminales B (pues presentan receptores hormonales al igual que los luminales A), donde está indicado, al menos durante varios años, una vez finalizada la quimioterapia. A diferencia de esta, los fármacos antiestrogénicos se presentan en forma de pastillas, por lo que no son necesarias ni inyecciones ni acudir a un hospital de día.

Tal y como mencioné en capítulos anteriores, mientras que los estrógenos de una mujer premenopáusica proceden mayoritariamente de los ovarios, los de la mujer posmenopáusica se originan en la grasa acumulada en el organismo. Parece lógico pensar que los fármacos tienen que ser distintos en función de un escenario u otro. Y así es. De entrada, el tamoxifeno es más útil en mujeres premenopáusicas, ya que suele bloquear de forma selectiva los receptores de estrógenos de la mama, mientras que en el resto del organismo pueden presentar el efecto opuesto (proestrogénico). Los inhibidores de la aromatasa, como el letrozol, inhiben una enzima llamada aromatasa, que es la que transforma el tejido graso en estrógenos, lo que los hace más apropiados en mujeres posmenopáusicas. Sus efectos secundarios también dependen de sus propiedades. El efecto proestrogénico del tamoxifeno puede incrementar el riesgo de cáncer de endometrio, pero también puede prevenir la osteoporosis. Los inhibidores de la aromatasa, en cambio, pueden provocar dolores óseos, así como favorecer la osteoporosis y el incremento del colesterol en sangre.

He intentado simplificar al máximo —y de un modo al que me atrevería a calificar de temerario— el complejísimo asunto de la medicación contra el cáncer de mama. Son muchos los fármacos que se están desarrollando para combatir la enfermedad. Pero no solo se está experimentando con medicación nueva, sino que también se va jugando con distintas combinaciones de fármacos ya existentes en la actualidad y se van planteando nuevas indicaciones. El objetivo final es lograr tratamientos cada vez más efectivos e individualizados. Y para ello son necesarios los ensayos clínicos. Puede resultar chocante la sensación tan lógica de llegar a sentirse como un conejillo de indias, pero gracias a todas las mujeres que han pasado por estos estudios experimentales se han conseguido las cifras tan elevadas —aunque todavía insuficientes— de efectividad terapéutica. Aunque pueda parecer que se avanza muy poco a poco, la realidad es que la velocidad no es nada desdeñable. Gracias a la constancia y el esfuerzo continuado de los investigadores se está dejando de, por decirlo de un modo muy gráfico, matar moscas a cañonazos para atinar de un modo más exacto y preciso en el *target* o diana.

El origen del término «quimioterapia» se lo debemos al médico y científico alemán Paul Ehrlich (1854-1915), que, a principios del siglo XX, fue el primero en descubrir un compuesto químico para el tratamiento de la sífilis (la arsfenamina, un derivado del arsénico), que por aquel entonces producía auténticos estragos en la población.

Sin embargo, el origen de la quimioterapia tal y como hoy la conocemos, en relación con el tratamiento contra el cáncer, tiene su origen en los años cuarenta del siglo pasado. El uso atroz de las armas químicas durante las dos grandes guerras permitió descubrir que el gas mostaza (llamado así por su olor característico) producía atrofia de la médula ósea (el componente interno de los huesos, donde se producen las células de la sangre) y fulminaba los ganglios linfáticos de las víctimas rociadas con él. Todo ello dio pie al uso de algunos de sus derivados para tratar los linfomas y a la búsqueda de más sustancias químicas para atacar otros tipos de cáncer. En definitiva, se había originado la actual quimioterapia.

Cuando uno piensa en los fármacos quimioterápicos, antes de nada, vienen a la cabeza las complicaciones derivadas de su uso. Entre las más llamativas destaca la caída del cabello que provocan algunos de ellos. Nuestra sociedad ha asumido con total normalidad la calvicie masculina. La femenina, sin embargo, sigue siendo una especie de tabú que a menudo trata de ocultarse bajo pelucas o pañuelos.

Para los antiguos egipcios, sin embargo, afeitarse la cabeza era lo habitual. Al admirar el magnífico busto policromado de Nefertiti (*c.* 1370-*c.* 1330 a. C.), que se conserva en el Neues Museum de Berlín, es inevitable preguntarse qué es lo que se esconde bajo su característica corona azul. Y la solución es muy simple: nada. La depilación, no solo de la cabeza, era muy común entre las mujeres y los hombres del antiguo Egipto y, con toda probabilidad, obedeciera a criterios higiénicos para resistir mejor el calor abrasador de la zona. Esto no excluye que, a menudo, utilizaran también pañuelos para protegerse de posibles quemaduras e insolaciones, y pelucas, con una función más bien ornamental.

Esta civilización tan avanzada ya conocía el cáncer de mama. De hecho, es probable que el primer caso de cáncer de mama identificado sea el de una mujer egipcia cuyo esqueleto, de más de cuatro mil años, presentaba múltiples metástasis óseas. Además, en los casi cinco metros del papiro Edwin Smith (escrito alrededor de 1600 a. C.), consta el testimonio de varios cánceres de mama considerados como incurables, pero tratados mediante cauterización (destrucción del tejido por la aplicación de algún utensilio ardiente o de sustancias abrasivas). En el mismo papiro se detallan también los tratamientos de otros tipos de cáncer con remedios más curiosos, como la pasta de dátiles mezclada con sustancias tan suculentas como, por ejemplo, el cerebro de cerdo triturado.

Muchos de los quimioterápicos empleados en la actualidad, aunque sintetizados en el laboratorio, provienen de recursos naturales como las plantas. Los taxanos, por ejemplo, se llaman así en honor a la corteza y las hojas del *Taxus brevifolia* o tejo, que si bien son altamente tóxicas (podrían ocasionar la muerte de cualquier humano que ingiriera tan solo unas pocas de sus hojas), de ellas se extrae el conocido medicamento contra el cáncer de mama. Gracias a su actual síntesis en los laboratorios, hemos podido alargar la vida de estos árboles de por sí tan longevos (pueden alcanzar mil quinientos años) y que, sin duda, ya se habrían extinguido por la acción del hombre en su anhelo por combatir el cáncer.

mammae amici et amicae

LAS UNIDADES DE MAMA

Nos ha tocado vivir en una sociedad con una clara tendencia hacia el individualismo. En nuestro peligroso empeño por alejarnos de la naturaleza —solo hace falta escudriñar en cualquier librería las estanterías dedicadas a la autoayuda para tomar conciencia de que se nos están olvidando acciones tan elementales como comer, respirar o practicar sexo— corremos el riesgo de perder la capacidad de cooperar y de trabajar en común, que tan buenos resultados nos ha dado a lo largo de la evolución. Uno de los múltiples escenarios que más se beneficia de este trabajo en equipo es la unidad de la mama. Este elemento clave en un centro hospitalario donde se atiende a personas con cáncer de mama está constituido por el personal médico, técnico y enfermero de cada una de las siguientes especialidades: anatomía patológica, cirugía, cirugía plástica, genética, ginecología, medicina nuclear, oncología médica, oncología radioterápica, psicooncología, radiodiagnóstico y rehabilitación. En hospitales de tercer grado o aquellos con un perfil más científico, también resulta imprescindible el papel del equipo de investigadores, que incluye, entre otros, a especialistas en bioinformática, biología y biomedicina, así como a *data managers*.

Con el trabajo en equipo de este conjunto de profesionales se pretenden conseguir unos resultados exitosos que deberían reflejarse no solo en los efectos terapéuticos conseguidos, sino también en el grado de satisfacción de todas las personas atendidas. Por eso, la empatía de los profesionales con ellas es imprescindible. Hay que tener en cuenta, sin embargo —a menudo no somos conscientes de ello—, que tantos profesionales, visitas y pruebas diagnósticas no logran más que abrumar a quien, todavía en estado de *shock,* le ha sido notificado el temible diagnóstico. Por todo ello, en las unidades de mama resulta necesaria la figura de, por ejemplo, una enfermera gestora de casos, que coordine todos los procesos diagnósticos y terapéuticos, que atienda, guíe y acompañe a la persona afecta por el cáncer de mama —e incluso a sus familiares— a lo largo de esta etapa tan dura, como un faro en medio de una tormenta.

En la mayoría de los grandes hospitales, los casos de cáncer de mama son comentados de forma conjunta en un comité que tiene lugar una o más veces a la semana. Allí se reúne parte de esta unidad para discutir cada caso y decidir qué actitud terapéutica tomar. Esa transversalidad permite a todos los especialistas salir por un momento de sus respectivas parcelas en las que suelen trabajar habitualmente para así empatizar, compartir conocimientos, experiencias y, por qué no, dudas, con el resto de los colegas. Se discute cada caso por separado y de forma individualizada, porque cada persona va a requerir un tratamiento y unos cuidados personalizados en función no solo de las características del tumor, sino también del conjunto de necesidades personales que pueda precisar en ese momento.

Es importante remarcar que el éxito de un tratamiento no depende —más allá del propio organismo de cada persona afectada, por supuesto— de un solo individuo, sino de todo un equipo de profesionales. Así, por poner unos ejemplos, la cirujana o el ginecólogo con las mejores manos del mundo difícilmente conseguirá la exéresis completa de la lesión sin un mapa o estadiaje preciso de la enfermedad, o sin un marcaje prequirúrgico acertado de la lesión, procedimientos que quedan en manos del radiólogo. Por otra parte, el oncólogo más célebre del mundo depende también del diagnóstico acertado de la patóloga para dar con el tratamiento médico más oportuno y prever con más habilidad la posibilidad de recaída de la enfermedad. Estos cuatro profesionales (junto a todos los que conforman la unidad de mama) se asemejan a las patas de una mesa. Si cojea una de ellas, la estabilidad de la mesa queda comprometida. Para evitarlo, existen auditorías que intentan señalar los posibles puntos débiles de las unidades y aportar soluciones para subsanarlos.

Y es que, tal y como dijo el empresario estadounidense Ray Kroc (1902-1984), conocido por asociarse con los hermanos McDonald y conseguir, de ese modo, crear una de las franquicias de comida rápida más conocidas y extendidas en todo el mundo: «Ninguno de nosotros es tan bueno como todos nosotros juntos».

Seas una amante o no de la música clásica, es muy probable que el nombre de Herbert von Karajan (1908-1989) te suene. Uno de los más famosos directores de orquesta del siglo pasado dijo una vez: «El peor daño que podría causarle a mi orquesta es darles una instrucción clara. Eso impediría que se escuchasen unos a otros». Como en cualquier grupo de gente reunida, en un comité de cáncer de mama suele haber alguien que lleve la batuta. Su papel es de gran importancia para el desarrollo adecuado de la reunión, pero en realidad los verdaderos protagonistas son todos sus integrantes con sus respectivos puntos de vista. Todos y cada uno de ellos precisan ser escuchados porque aportan conocimiento y experiencia con un fin en común: ayudar a quien padece un cáncer de mama. Una orquesta sinfónica (el prefijo griego *sin-* significa «junto») necesita la unión de todas las familias de instrumentos (cuerda, viento madera, viento metal y percusión) para conseguir esa magia sonora característica.

Cada vez con más frecuencia se escucha el término «senología», que se puede definir como la ciencia que estudia la mama y su patología, para referirse a una visión holística o generalista de la mujer con alguna afectación mamaria, contrapuesta a la visión específica ofrecida por las distintas especialidades que acaban reduciendo a la mujer a su mama. Según dicha ciencia, la figura del senólogo no debería verse como la de un hombre orquesta, capaz de tocar todos los instrumentos a la vez, sino como un buen músico solista, pero mejor, si cabe, en el conjunto de una orquesta, donde es capaz de reconocer el papel desempeñado por sus compañeros y donde es plenamente consciente de que de su complicidad con los demás resultará una música armoniosa, capaz de llegar a lo más hondo de quien la escucha.

Son muchas las figuras femeninas representadas en la pintura junto a un instrumento musical, pero quisiera centrarme en aquellas en las que los pechos de las protagonistas llaman la atención por un motivo u otro. Giovanni Lanfranco (1582-1647) pintó la *Alegoría de la música* o *Venus tocando el arpa* para el famoso compositor y también arpista Marco Marazzoli (1602-1662). Junto a un arpa histórica (las abejas grabadas en la madera de la parte superior de la columna —mejor que no las busques— señalan su pertenencia a la poderosa familia de los Barberini), destaca la figura de una Venus semidesnuda tañendo el preciado instrumento. Muestra unos pechos de copa pequeña y blancos, como el resto de su piel, similares a los que exhibe la musa de la Historia en el óleo de Eustache Le Sueur (1617-1655) y que lleva por nombre *Clío, Euterpe y Talía*. Clío es la única de las tres musas que aparecen en el cuadro con el pecho al descubierto. Mientras que con su mano derecha sujeta la trompeta con la que celebra los sucesos históricos más señalados, con la izquierda sostiene el libro donde los registra para que quede constancia de todos ellos.

Más recatada parece la muchacha que retrata Orazio Gentileschi (1563-1639) en *Joven tocando el violín*. Parece que el pintor de Pisa quiso representar a santa Cecilia (*c.* 200-*c.* 230), la patrona de la música, y para ello utilizó como modelo a su hija Artemisia Gentileschi (1593-1653), que sería una pintora excelente y una avanzada para su época. Gentileschi padre no nos muestra el pecho de su hija, pero sí nos muestra un detalle que puede resultar curioso en la actualidad.

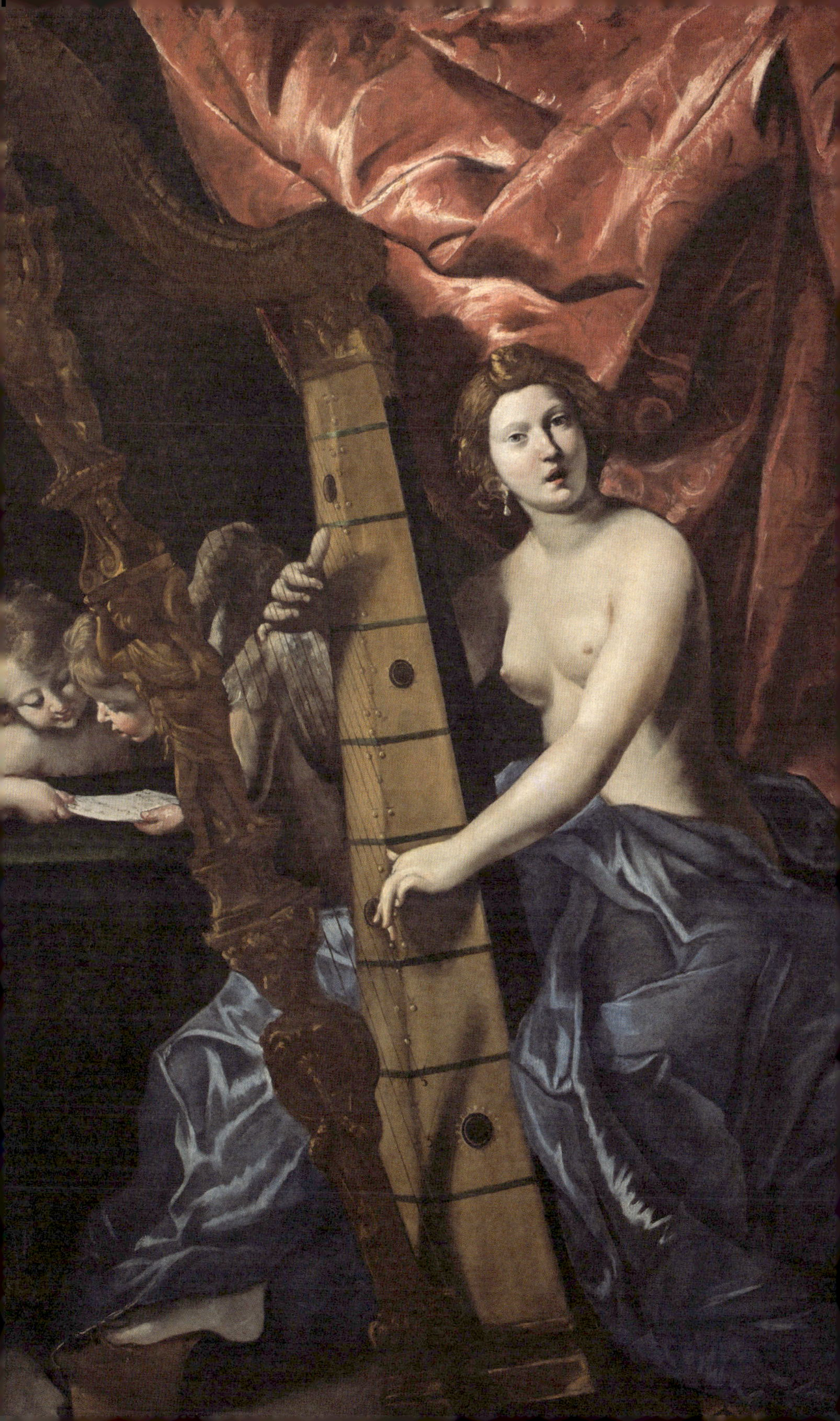

Cuando pensamos en las violinistas, lo hacemos imaginándolas con el violín apoyado en sus hombros. Pero siglos atrás el violín se solía tocar a una altura más baja, junto al pecho, de un modo parecido al que se nos muestra en esta obra.

Las tres pinturas descritas son prácticamente coetáneas de la ópera, creada en Italia entre finales del siglo XVI y principios del XVII, como una forma de teatro en la que los protagonistas son además cantantes. Nada mejor que la ópera para concienciarnos de la importancia del trabajo en equipo: el libreto, la partitura, la orquesta, la aptitud vocal y la puesta en escena de los cantantes, los coros, los decorados... La unión armónica y homogénea de todos estos ingredientes es la que permite obtener un resultado capaz de emocionarnos hasta ponernos la piel de gallina.

Pero como en todos los aspectos de la vida, también la polémica ha acompañado a la ópera en algunas ocasiones. Y, como era de esperar, en buena parte las mamas han sido responsables de ello. Así, por ejemplo, el *topless* protagonizado por la bailarina que interpretaba el papel de Venus en una adaptación de la ópera *Orlando,* de Händel (1685-1759), fue ovacionado en el Covent Garden de Londres. En cambio, los apenas diez segundos de desnudo integral de la intérprete de Salomé en una adaptación de la ópera homónima de Richard Strauss (1864-1949) generaron, unos ocho años más tarde, una agria disputa entre partidarios y detractores en la Grand Opera House de Belfast.

mamma cribrata

EL CRIBADO DEL CÁNCER DE MAMA

Pocos refranes son tan comunes en la mayoría de los idiomas como el acertado *«más vale prevenir que curar»*. Como en la mayoría de las enfermedades, en el caso del cáncer de mama podemos hablar de prevención primaria y también secundaria. La primaria consiste en evitar su aparición. Para ello debemos incidir en aquellas posibles causas y factores de riesgo. Sin embargo, ya comenté anteriormente que son tantos los factores implicados en la aparición del cáncer de mama que resulta muy difícil poder evitarlo. Pero ¡cuidado! ¡Esto no significa que no se puedan disminuir las probabilidades de padecerlo llevando una vida sana! La secundaria, en cambio, consiste en retrasar o incluso detener su progreso. Al asumir que la enfermedad es inevitable hay que centrar los esfuerzos en su detección precoz. Gracias a ella, y también a los nuevos tratamientos utilizados, pese al incremento de incidencia de cáncer de mama, su pronóstico es cada vez mejor, con tasas de supervivencia mayores que las de otros tipos de cáncer.

La medida estrella de la prevención secundaria es el diagnóstico precoz o cribado *(screening*, en inglés). Puede hacerse de un modo oportunista: por ejemplo, una mujer asintomática que acude a un centro de salud y solicita expresamente una prueba diagnóstica para el estudio de la mama; otro ejemplo: que a una mujer que acude a la consulta en un centro de salud, por cualquier otro motivo, se le solicite en ese momento la prueba.

Pero el cribado también puede hacerse de un modo sistemático, dentro de un programa poblacional de salud, con unas pautas concretas y sujeto a unos controles de calidad bien establecidos. Son los programas de cribado poblacional de cáncer de mama, que existen en casi todos los países europeos, Oceanía, Canadá y algunos países asiáticos. Con algunas diferencias metodológicas entre ellos, como la edad de inclusión (en general, se inician en la perimenopausia) o el intervalo de tiempo entre una prueba y otra (lo más habitual es que se realice bienal), todas ellas tienen en común el uso de la mamografía como prueba diagnóstica. Esto no significa que no haya cánceres de mama no visibles con esta prueba o que no puedan iniciarse en una edad anterior o posterior a este rango, pero el mayor coste-beneficio se consigue con la mamografía y en mujeres en esta franja de edad.

Los resultados de los estudios son muy variables, según los distintos métodos estadísticos empleados. Pero casi todos coinciden en que el cribado poblacional salva vidas al detectar tumores de una forma precoz. Cuanto más pequeño sea un cáncer en el momento del diagnóstico, mejor será su pronóstico. Aunque no todo son ventajas. Y es que para conseguir salvar vidas será también inevitable volver a citar a un pequeño porcentaje de las participantes con hallazgos dudosos (aunque la mayoría resulten negativos), para realizarles pruebas adicionales. La mayor parte de las veces serán proyecciones mamográficas distintas o bien ecografías, pero también alguna biopsia, con los inconvenientes que puede conllevar a la participante y el incremento del coste económico para el sistema de salud.

Por otra parte, la mamografía no es un método perfecto (recordemos su poca sensibilidad en las mamas densas), y por ello se está preconizando cada vez más un cribado individualizado, según el riesgo propio de cada mujer. Hay varios estudios internacionales al respecto. Son complejos por la cantidad de variables implicadas y por el número de individuos necesarios para conseguir suficiente potencia estadística. En unos cuantos años aparecerán los primeros resultados.

El riesgo de cada mujer puede valorarse de distintos modos. Pese a que existen varias escalas disponibles según los factores de riesgo incluidos, en general todas ellas arrojan un porcentaje que será clave para categorizar este riesgo. Así, por ejemplo, se consideran mujeres con un riesgo intermedio aquellas que tienen entre un quince y un veinte por ciento de posibilidades de tener un cáncer de mama a lo largo de su vida. Cuando el porcentaje es menor, nos referiremos a mujeres de riesgo bajo y, si es mayor, a mujeres de riesgo elevado.

Este cribado selectivo que he mencionado, y que todavía está en fase de gestación, se ha estudiado ya en las mujeres con mayor riesgo. Este grupo incluye a aquellas con predisposición genética (una de cada cuatrocientas o quinientas personas), como las portadoras de la mutación BRCA1 y BRCA2, que van a tener una probabilidad mucho mayor que el resto de la población de padecer cáncer de mama y otros, como el de ovario, a lo largo de sus vidas. En el caso de los hombres portadores de estas mutaciones, también van a presentar una mayor predisposición para padecer no solo cáncer de mama, sino también de próstata, por ejemplo. Estos tumores mamarios van a ser especialmente agresivos, aunque se suelan presentar con un aspecto radiológico poco sospechoso. Son, como en la célebre fábula, lobos disfrazados de corderos y por este motivo hay que estar muy atentos a su aparición. Estas mujeres se realizan pruebas de imagen desde muy jóvenes (entre los veinticinco y treinta años), que incluyen, además de la mamografía o la ecografía, la resonancia magnética, dada su gran sensibilidad.

Estos cribados exhaustivos también deben realizarse en otros escenarios como, por ejemplo, el de mutaciones menos comunes, como las que implican a los genes ATM, PTEN, CHEK2 o PALB2, entre otros. También en escenarios más concretos, como el de mujeres que fueron irradiadas en la región torácica por un linfoma de Hodgkin cuando tenían menos de treinta años y las células de la mama estaban en pleno desarrollo.

En algunos hospitales existen consultas de genética donde se valora la posible existencia de mutaciones implicadas en este riesgo incrementado con respecto al resto de la población. Estas consultas atienden tan solo a un segmento muy concreto de la población, en el que se sospecha este escenario poco frecuente (entre un cinco y un diez por ciento de los cánceres de mama). Son unos criterios de inclusión bien establecidos, aunque variables. Así, por ejemplo, el hecho de tener una madre que haya pasado un cáncer de mama a los sesenta años no te convierte en una mujer de alto riesgo. Pero sí lo eres si lo tuvo a los treinta y cinco años, en ambas mamas o si tuvo un cáncer de ovario. En estos casos se realizan unas pruebas que incluyen el estudio de los genes más frecuentemente relacionados con el cáncer de mama. O, mejor dicho, los escasos genes cuya implicación se conoce de momento y que, con toda probabilidad, son bastantes más. Es cuestión de tiempo que los investigadores den con ellos.

Otro tipo de cribado que debemos tener en consideración es el de aquellas mujeres que ya han pasado un cáncer de mama y que, por tanto, presentan riesgo de recaída. Este riesgo estadístico puede medirse con plataformas genéticas, pero resulta costoso y su utilidad no siempre está del todo clara, por lo que de momento se realiza tan solo en casos complejos o donde existan dudas. Se sabe bien que los tumores luminales A, los de mejor pronóstico, recaen de forma tardía, cuando la mujer ya casi —insisto con el casi— se había olvidado de su cáncer pasado. Todo lo contrario sucede con los tumores triple negativos, que pese a responder de un modo óptimo al tratamiento, si recaen, lo hacen al cabo de poco tiempo. Por todo ello, no debe bajarse nunca la guardia y, de hecho, se está estudiando también el modo de personalizar el control o seguimiento de estas mujeres —que de momento es mamográfico y anual para todas ellas— con otras técnicas, como la ecografía o incluso la resonancia magnética o la mamografía con contraste, así como con diferentes intervalos, según cada caso.

No quisiera terminar este capítulo sin hacer un inciso en otra herramienta que se ha postulado para la prevención secundaria del cáncer de mama: la autoexploración mamaria. Además de la exploración clínica, realizada por un especialista, y de los estudios por imagen, ¿qué papel desempeña la autoexploración en todo esto? Si bien hace unos años las autoridades sanitarias preconizaron su práctica, son varios los estudios que no han conseguido demostrar su utilidad para disminuir la mortalidad por cáncer de mama. Y no solo eso, sino que también genera un número considerable de exploraciones innecesarias, biopsias incluidas, con los consiguientes trastornos de ansiedad y sobrecoste asociados. Aunque la misma OMS desaconseje ahora su uso extendido, creo que toda mujer debería conocer bien sus mamas. Esto implica una buena inspección visual y también una palpación lo más completa posible para conocer la textura propia de la mama —el mejor momento es tras la regla— y de esta manera reconocer posibles cambios o signos de alarma.

El cáncer de mama de origen genético y las mutaciones en los genes BRCA eran prácticamente unos desconocidos por la mayoría de la gente hasta que una de las actrices más célebres de Hollywood hizo público que era portadora de una mutación en el gen BRCA1. El 14 de mayo de 2013, Angelina Jolie (1975) reveló en *The New York Times* que se había sometido a una doble mastectomía profiláctica para disminuir hasta solo un cinco por ciento el riesgo de padecer un cáncer de mama. El impacto mediático fue tal que la prestigiosa revista *Time* le dedicó, más tarde, una exclusiva portada con el título *The Angelina Jolie Effect*.

Este efecto celebridad ya se había dado unos años antes cuando, por ejemplo, la cantante australiana Kylie Minogue (1968) anunció que padecía cáncer de mama. En apenas unas semanas, el número de mamografías realizadas en su país natal ascendió como la espuma. En el caso de Jolie, fueron los test genéticos —y los beneficios de las empresas que los comercializan— los que se multiplicaron de un modo considerable en Estados Unidos y en otros países del mundo. También se batieron récords en Wikipedia, donde las búsquedas del término «mastectomía» superaron en unos días a otras mucho más habituales. No queda tan claro, pese a que se publicaron diversos trabajos al respecto —no hay mucha unanimidad entre ellos—, si este efecto tuvo repercusión en el número de mastectomías profilácticas realizadas. Toda medida de prevención es buena mientras reúna ciertas condiciones de aplicabilidad, como seguridad, información y capacidad logística de respuesta, no siempre del todo presentes en algunos países donde la sanidad está muy mercantilizada.

La ganadora de un Oscar a la mejor actriz secundaria por su interpretación en *Inocencia interrumpida* es más conocida, sin embargo, por encarnar a la arqueóloga británica Lara Croft, en la adaptación a la gran pantalla del exitoso videojuego *Tomb Raider*. Jolie es capaz de cometer las hazañas más osadas para conseguir arrebatar el Triángulo de la Luz, un preciado artilugio capaz de alterar el tiempo y el espacio, a los temibles Illuminati que se han apoderado de ella.

La mayoría de sus proezas tienen Angkor como telón de fondo. El complejo de templos más famoso del mundo está ubicado en la que otrora fue considerada como la capital jemer. Un poderoso imperio que comprendía, además de la actual Camboya, otras zonas del sudeste asiático. Entre ellas, parte de Myanmar, la antigua Birmania, en cuya región central se encuentra una curiosa pagoda (para simplificar podemos considerar esta construcción como un relicario gigante, lugar de veneración para los budistas), conocida como Kaunghmudaw. Se trata de una representación de la bóveda celeste con la forma de un inmenso pecho, tan alto como la Estatua de la Libertad, que alberga varias reliquias y un Buda de mármol sentado de siete metros de altura. De su parte central sobresale hacia el cielo un *hti*, una especie de paraguas arquitectónico, símbolo de buena suerte y que visto desde arriba se asemeja a un pezón. La Kaunghmudaw se construyó a imagen y semejanza de la estupa (nombre empleado en otras zonas como sinónimo de pagoda) Mahathupa, en Sri Lanka, la antigua Ceilán. Otra *mama* mucho más alta que la birmana y con numerosas reliquias en su interior.

quo vadis, mamma?

EL FUTURO

Como ya comenté anteriormente, el diagnóstico precoz de tumores cada vez más pequeños (en gran parte gracias al cribado, bien sea poblacional u oportunista) y los mejores tratamientos utilizados contra el cáncer de mama han permitido reducir la mortalidad de esta enfermedad. En cambio, la incidencia no decrece. Si bien ante una mayor longevidad de la población es normal esperar más casos, no parece tan normal que el cáncer de mama sea cada vez frecuente en mujeres jóvenes. Da la impresión de que mejoramos el diagnóstico y los tratamientos, con lo que aumenta la supervivencia, pero también de que no lo hacemos tan bien en lo que concierne a los factores de riesgo, con lo que también aumenta la incidencia. ¿Hasta qué punto somos en parte responsables? ¿Qué futuro nos espera? ¿Adónde vamos? Son tres preguntas de difícil respuesta, pero que todos deberíamos tratar de contemplar en nuestro quehacer diario. Llevamos en cambio un ritmo tan intenso y frenético que a menudo nos impide hacer un alto en el camino para reflexionar al respecto.

La mayoría de los avances científicos, ligados en gran parte a la industria farmacéutica, están encaminados a conseguir tratamientos cada vez mejores, lo que es crucial en la lucha contra el cáncer de mama. Sin embargo, tal vez haya que contemplar otros aspectos de igual o más importancia si cabe, como son los desencadenantes de esta enfermedad. El papel de la genética es primordial para entender hasta qué punto se nace o no con distintas bombas de relojería dispuestas en cualquier momento a hacer explosión. Pero también es clave el de la epigenética, crucial para entender, por ejemplo, por qué de dos hermanas gemelas idénticas tan solo una de ellas desarrolla un cáncer de mama. Y, por supuesto, el de la inmunidad. Esta especie de capa protectora invisible, cuyo grosor varía entre distintos individuos, explicaría por qué una misma amenaza puede tener distintas consecuencias en uno u otro.

La posibilidad de cuantificar o precisar el riesgo de padecer un cáncer de mama para cada individuo parece tan prometedor como temerario, con muchos interrogantes desde el punto de vista ético y con la duda acerca del uso indebido de la información por parte de empresas o gobiernos, por ejemplo.

En el campo del diagnóstico por imagen se dispone de una herramienta prometedora por su enorme potencial, pero que todavía se encuentra en vías de desarrollo. Me refiero a la radiómica. Es capaz de desenmarañar toda la información contenida en cada uno de los millones de píxeles o vóxeles que componen cualquier imagen digital diagnóstica. Una información oculta a cualquier ojo humano, capaz de identificar tan solo una imagen compuesta por diferentes matices de una escala de grises entre el blanco y el negro. La radiómica permite ir más allá y descomponer la imagen en millones de partes, cuyo análisis pormenorizado y mediante cálculos complejos nos puede aportar información tan relevante como la naturaleza benigna o maligna de un hallazgo, o incluso el pronóstico de un tumor. A la radiómica se suma la inteligencia artificial en el desarrollo de herramientas diagnósticas tan precisas o más que el ojo humano. Son avances prometedores pero que también se acompañan de muchas incertidumbres, la mayoría de origen ético. No creo que el personal sanitario vaya a ser nunca sustituido por las máquinas, pero sí que se va a tener que acostumbrar a su uso y a supervisar el incremento considerable de información disponible para conseguir diagnósticos más certeros.

En el escenario diagnóstico, el empleo de la biopsia líquida nos puede permitir detectar tumores en una fase temprana, valorar respuestas a un tratamiento determinado o detectar posibles recaídas. Basta con una muestra de sangre para descubrir células cancerígenas o fragmentos de ADN tumoral.

En cuanto al tratamiento del cáncer de mama, quisiera destacar el papel de la inmunoterapia, que actúa sobre el sistema inmunitario de las personas con cáncer. Ya utilizada en el tratamiento de diversos cánceres, su desarrollo en el caso del de mama, aunque lento, presenta un gran potencial. Por otra parte, si tanto los tratamientos como la precisión de las pruebas diagnósticas para confirmar la ausencia de enfermedad residual son cada vez mejores, es muy probable que no sea necesario operar todos los cánceres de mama.

En definitiva, la mayoría de los escenarios que aparecen ante nosotros, y de los que tan solo he descrito algunos, son prometedores e invitan a la esperanza. El tiempo, como siempre, será el encargado de poner a cada uno de ellos en el lugar que les corresponda.

Willendorf in der Wachau es un pueblecito típico austríaco. Hubiera podido pasar perfectamente desapercibido si no fuera porque, en el verano de 1908, en un yacimiento paleolítico cercano, se encontró una curiosa figura de mujer, conocida desde entonces como la *Venus de Willendorf.* Del tamaño de un naipe, esta estatuilla de piedra caliza representa a una mujer sin rostro ni pies. Sin embargo, muestra un vientre, unas caderas y unos genitales especialmente abultados, al igual que unos voluminosos pechos que prácticamente suponen una cuarta parte del tamaño total de la figura.

Marte es el cuarto planeta del sistema solar en proximidad al Sol. Desde hace años los humanos han soñado con colonizarlo. Entre ellos, el protagonista masculino de *Desafío total,* interpretado por

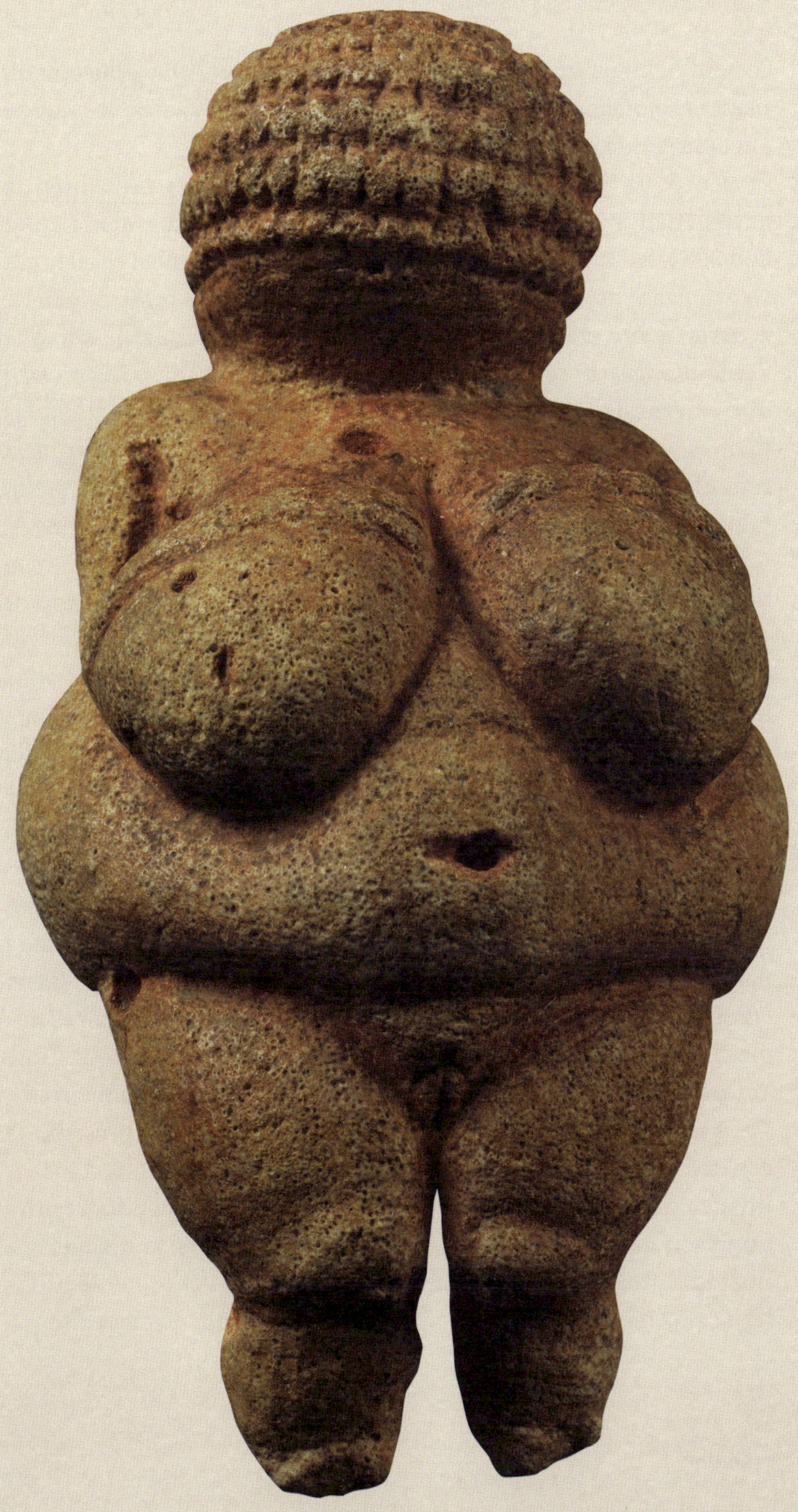

Arnold Schwarzenegger. La película, estrenada en 1990, muestra un planeta rojo habitado por unos humanos mutantes entre los que se encuentra una mujer con tres pechos.

Entre la *Venus de Willendorf,* con casi treinta mil años de antigüedad, y la mujer mutante de la película, ambientada en el año 2084, ha transcurrido muchísimo tiempo. Sin embargo, algunas semejanzas entre ambas son notables. Los expertos no se ponen de acuerdo sobre el motivo de la figurilla y, aunque ignoremos lo que debía de pasarle por la cabeza a quien la moldeara, parece claro que quería destacar los atributos de fertilidad. Entre ellos, las mamas, que fueron, son y serán las responsables de alimentar a todas las generaciones de humanos de la historia. Pese al pequeño tamaño de la mujer de Willendorf, su carga simbólica es enorme.

Por otro lado, quien ideara el fugaz personaje de *Desafío total* —aparece apenas unos segundos— no pretendía que acabáramos recordando su rostro, sino el impacto que en nuestros cerebros genera la visión tan inusual de una mujer con tres pechos alineados horizontalmente. Recuerda que la polimastia, aunque resulte poco frecuente, existe. Cuando esto sucede, sin embargo, a diferencia del caso de la mutante, la mama de más suele estar poco desarrollada y seguir el trayecto vertical a lo largo de la línea láctea, desde la axila hasta el pubis.

Las dos mujeres escapan de los cánones de belleza contemporáneos. De hecho, hay quienes rechazan el apodo de Venus para la figura de Willendorf, por considerarlo injusto e inapropiado. Basta compararla con el prototipo de belleza de la *Venus de Milo,* por ejemplo. En cambio, nadie puede negar la fuerte carga simbólica que ambas exhiben gracias a unos pechos grandes o supernumerarios.

A diferencia del resto de animales, el ser humano presenta la capacidad de desarrollar distintos simbolismos para conectar realidades físicas con sentimientos y emociones. Para ello, resulta imprescindible una fabulosa conectividad entre los complejos entramados neuronales que llevan la información desde los sentidos hasta el cerebro, menos de un kilo y medio de peso de masa viscosa, responsable de todo cuanto somos. Leía con cierto pesimismo la coincidencia de diferentes estudios en afirmar que, por primera vez en la historia, la media del coeficiente de inteligencia humana está reduciéndose. Todo ello desde finales del siglo pasado, por lo que parece muy destacable el papel de los avances tecnológicos en esta pérdida intelectual. Ya no necesitamos memorizar ni realizar cálculos. Además, nos pasamos una parte considerable de nuestras vidas enganchados a pantallas.

Como las palomas de un estudio llevado a cabo por científicos estadounidenses. Parece ser que estas aves comparten muchos aspectos de su visión con la de los humanos. Tanto es así, afirmaron los autores de este trabajo, que llegaron a entrenarlas —con comida como recompensa, por supuesto— para diferenciar imágenes microscópicas de tejidos sanos de aquellas que tenían cáncer. Y no solo eso, sino que también las entrenaron para identificar microcalcificaciones —recuerda que es una de las diversas manifestaciones del cáncer de mama— en unas mamografías. Te estarás preguntando por los resultados...

Lejos de lo que cabría esperar, fueron excelentes en favor de estas aves. Si bien no veo muy probable que lleguen a sustituir a patólogos o radiólogos —quién sabe si solo somos los primeros profesionales en peligro de una larga lista—, sí es mucho más posible que puedan servir de ayuda en la investigación de herramientas para detectar de modo cada vez más precoz el cáncer y otras muchas enfermedades.

La tecnología está ahí (en teoría) para ayudarnos a vivir mejor a expensas, a veces, de una retahíla de bandazos mentales para los que parecía que nuestro cerebro no estaba programado. Y es que, tal vez, en el fondo, no es que el coeficiente de inteligencia de la humanidad esté de capa caída, sino que el sistema con el que hasta ahora se ha estado midiendo dicho coeficiente se haya quedado anticuado.

Epílogo

Al poco de fallecer Anders Celsius (1701-1744), inventor de lo que después, y hasta la actualidad, pasaría a denominarse escala centígrada, otro sueco enamorado de las plantas, y al que ya me he referido en el prefacio de este libro, encargó un termómetro para su invernadero. Su encargo no hubiera tenido repercusión alguna si no fuera porque en su solicitud exigía expresamente que el punto de congelación del agua estuviera a 0 °C y el punto de ebullición a 100 °C. Lo que ahora nos parece tan obvio por entonces no lo era (el agua hervía a los 0 °C y se congelaba a los 100 °C). Carlos Linneo, el responsable de que los mamíferos nos llamemos así, consideró más lógico este nuevo orden, ya propuesto poco antes por el científico francés Jean-Pierre Christin (1683-1755), y lo adoptó para su invernáculo.

Sin embargo, lejos de la determinación de Linneo, cuando en mi cabeza se estaba gestando este libro, no tenía yo muy claro la estructura que este debía seguir. Finalmente, y tras muchas vacilaciones, acabé por adoptar una escala propia. Un orden particular con el único fin de mantener un hilo conductor lógico —al menos desde mi modesto punto de vista— capaz de facilitar la comprensión de los datos aportados. En ningún momento se me pasó por la cabeza la idea de escribir un tratado teórico o un manual práctico de medicina. Y te pido sinceras disculpas si los buscabas en el interior de este libro. Nada más lejos de mi intención. Tras casi veinte años de dedicación al diagnóstico por imagen de la mama, tenía ganas de reunir en un libro las respuestas a tantas preguntas